Erfolgreich investieren in grüne Geldanlagen

■ *Stephan Rotthaus*, Bankkaufmann und Wirtschaftsjournalist, beschäftigt sich seit über 25 Jahren mit grünen Geldanlagen. Er ist Mitbegründer des Ökofonds NRW und der Zeitschrift *Öko-Test*. Seit einigen Jahren führt er eine PR-Agentur, die sich auf die Bereiche Finanzkommunikation, Gesundheit, Ökologie und Non-Profit-Organisationen spezialisiert hat.

Stephan Rotthaus

Erfolgreich investieren in grüne Geldanlagen

Ökologisch – ethisch – nachhaltig

Campus Verlag
Frankfurt/New York

Die Inhalte in diesem Buch sind von Autor und Verlag sorgfältig erwogen und geprüft. Investieren heißt immer auch Risiken übernehmen, und Wertpapieranlagen sind mit Verlustgefahren verbunden. Weder der Autor noch der Verlag können daher Haftung für Schäden übernehmen, die aus der Interpretation oder Umsetzung der in diesem Buch getroffenen Aussagen resultieren.

Die Informationen zu den einzelnen Anbietern beruhen auf deren Angaben. Anbieter, deren Informationen bis zum Redaktionsschluss im August 2008 nicht vorlagen, wurden nicht berücksichtigt. Für die Angaben zu steuerlichen Fragen der Geldanlage und in Bezug auf Stiftungen dankt der Autor der GLS Bank. Weder Autor noch Verlag stehen in irgendeiner geschäftlichen Beziehung zu den Anbietern der im Buch erwähnten Anlageprodukte und ziehen keinerlei finanziellen Vorteil aus dem Verkauf dieser Produkte.

Dieses Buch erschien unter dem Titel *Grüne Geldanlagen* 2001 im FALKEN Verlag. Für die vorliegende Ausgabe wurde das Buch vollständig überarbeitet und aktualisiert.

Redaktionelle Mitarbeit: Carolyn Ammann

Bibliografische Information der Deutschen Nationalbibliothek.
Die Deutsche Nationalbibliothek verzeichnet diese Publikation in der Deutschen Nationalbibliografie; detaillierte bibliografische Daten sind im Internet unter http://dnb.d-nb.de abrufbar.
ISBN 978-3-593-38578-5

Umschlaggestaltung: R.M.E, Roland Eschlbeck und Ruth Botzenhardt
Umschlagmotiv: plainpicture, Hamburg
Satz: Campus Verlag GmbH, Frankfurt am Main
Druck und Bindung: Druck Partner Rübelmann GmbH, Hemsbach
Gedruckt auf säurefreiem und chlorfrei gebleichtem Papier.
Printed in Germany

Besuchen Sie uns im Internet: www.campus.de

Inhalt

Vorwort: Von grünem Geld und heimlichen Stimmzetteln

Gewählt wird nicht nur alle vier oder fünf Jahre. Jeden Tag stimmen wir mehrfach darüber ab, wie unsere Wirtschaft aussieht und wer was auf welche Weise produziert. Wir entscheiden über das Ausmaß des Flugverkehrs, über den Anteil des ökologischen Anbaus, über die Art der Energieerzeugung, über Veränderungen der Umwelt und der Arbeitsbedingungen. Jeder Zehner, den wir ausgeben: ein Stimmzettel. Jede Ladenkasse: eine Wahlurne.

Am Bankschalter ist das nicht anders: Jede Einzahlung auf das Sparkonto, jede Anlageentscheidung wirkt sich auf das Finanzsystem aus. Die Verbraucher haben Macht in der Finanzwelt – doch nur wenige gehen mit dieser Macht bewusst um.

Die Finanzmarktkrise hat gezeigt, dass sich die mangelnde Bodenhaftung und Maßlosigkeit vieler Akteure rächt. »Wir leben in einer Gesellschaft der kollektiven Renditeorientierung, die das richtige Maß verloren hat«, beklagt Thomas Jorberg, Vorstandssprecher der ethisch-ökologischen GLS Bank in einem Kommentar zur Finanzmarktkrise. Die GLS Bank ist eines der wenigen Institute, die sich öffentlich zu der Krise geäußert haben.

Nur ein verantwortlicher Umgang mit Geld kann langfristig die Grundlage für finanzielle *und* gesellschaftliche Gewinne bringen. Dafür bedarf es vor allem der Transparenz. Während sich allerdings die konventionellen Banken nicht in die Karten schauen lassen, legen die alternativen Banken ihren Anlegern gegenüber detailliert Rechenschaft ab, wofür das anvertraute Geld eingesetzt wird. Und immer mehr Anleger wollen wissen, was mit ihrem Geld geschieht, um Einfluss nehmen zu können. Grünes Geld liegt im Trend. Wenn dieses Buch dazu beiträgt, diesen Trend zu stärken, hat es seinen Zweck erfüllt.

Die zehn wichtigsten Fragen und Antworten zu grünen Geldanlagen

1. Lohnen sich grüne Geldanlagen?

Ja. Grüne Geldanlagen sind in zweifacher Hinsicht nützlich. Erstens bieten sie einen direkten finanziellen Ertrag in Form von Zinsen, Ausschüttungen oder Wertsteigerungen. Zweitens tragen sie zur ökologischen und sozialen Umorientierung der Wirtschaft bei.

Manchen ist der finanzielle Ertrag wichtiger, anderen kommt es in erster Linie darauf an, mit ihrer Anlageentscheidung gesellschaftlich etwas zu bewirken.

2. Was kann ich mit meiner Geldanlage bewirken?

Ohne ökologisch engagierte Geldgeber und Anleger stünden weder die ökologische Landwirtschaft noch die regenerativen Energien da, wo sie heute stehen. Neben Direktbeteiligungen haben vor allem die grünen Banken einen bedeutenden Einfluss. Allein die GLS Gemeinschaftsbank eG, die älteste ethisch-ökologische Bank in Europa, hat mehreren Tausend ökologischen und sozialen Projekten auf die Beine geholfen. Wenn Sie dieses

Buch durchblättern, finden Sie Beispiele dafür, was grüne Geldanlagen schon bewirkt haben.

3. Wie viel von meinem investierten Geld kommt bei den Projekten an, die ich fördern will?

Das ist je nach der Form der Geldanlage unterschiedlich. Banken müssen einen Teil ihrer Einlagen als Liquiditätsreserve im Bankensystem halten. Bei Beteiligungsfonds und Neuemissionen von Aktien kommt das investierte Geld (nach Abzug der Vertriebskosten) den jeweiligen Unternehmen voll zugute. Ganz anders dagegen, wenn Sie an der Börse bereits in Umlauf befindliche Aktien kaufen: Hier fließt Ihr Anlagebetrag an den Vorbesitzer der Aktie. Das Unternehmen, von dem die Aktien stammen, erhält keine zusätzlichen Mittel. Die direkte Finanzierungswirkung ist also gleich null.

4. Muss ich auf Rendite verzichten?

Dass grüne Geldanlagen generell nicht rentabel seien, ist ein Vorurteil. Grüne Bankeinlagen werden durchaus marktüblich verzinst. Auch viele grüne Aktien und Investmentfonds haben ihren Besitzern erhebliche Kursgewinne beschert. Abgesehen von derartigen Anlageerträgen gilt aber: Was die Anleger kassieren, beispielsweise in Form von Zinsen oder Dividenden, müssen die geförderten Unternehmen zahlen. Die Angebote der grünen Banken haben zwei Vorteile: Sie unterliegen weniger Risiken, und die gesammelten Mittel können als Förderkredite an die Projekte weitergegeben werden.

5. Was ist von besonders hohen Renditen zu halten?

Bei allen Geldanlagen gilt: Niemand hat etwas zu verschenken. Wer seinen Anlegern besonders hohe Renditen verspricht, hat seine Gründe dafür. In der Regel handelt es sich um den Ausgleich für ein höheres (nicht selten verstecktes) Risiko. Bei allen Angeboten, die mehr als 8 bis 10 Prozent Rendite pro Jahr versprechen, sollten Sie besonders vorsichtig sein. In diesem Buch finden Sie Hinweise darauf, wie Sie die Seriosität von Anbietern prüfen können.

6. Kann ich mit grünen Geldanlagen Steuern sparen?

Auch Antworten auf die wichtigsten Steuerfragen rund um Zinsen, Fondsausschüttungen und Kursgewinne werden Sie in diesem Buch finden. Wie hoch Ihre Steuerbelastung ausfällt, hängt nicht zuletzt davon ab, welche Anlagestrategie Sie verfolgen. Bevor Sie Ihre Geldanlagen steuerlich optimieren, sollten Sie aber wissen, welche Geldanlage grundsätzlich am besten zu Ihnen passt (siehe dazu Seite 70 ff.). Bedenken Sie, dass Steuerfragen erst im zweiten Schritt eine Rolle spielen sollten.

7. Soll ich mit meinem ganzen Geld einsteigen?

Die grüne Angebotspalette ist fast komplett: Sparkonten und -briefe, Festgelder, Lebensversicherungen, Aktien, festverzinsliche Wertpiere, Beteiligungsfonds, Stiftungsverwaltung. Je nachdem, wie Ihre persönliche Anlagestrategie aussieht, kann es durchaus sinnvoll sein, wenn Sie Ihr gesamtes Vermögen im grünen Bereich investieren. Bedenken Sie aber, dass jede Geldanlage mit einem gewissen Risiko behaftet ist. Achten Sie deshalb auf eine ausreichende Risikostreuung – das bedeutet auch, dass Sie in verschiedenen Branchen und Anlageformen investieren sollten.

8. Wie kann ich mich angesichts der vielen Angebote zurechtfinden?

Inzwischen gibt es mehrere Hundert Finanzdienstleister, die sich auf dem grünen Kapitalmarkt tummeln. Um Ihnen die Orientierung zu erleichtern, stellen wir Ihnen in diesem Ratgeber die wichtigsten Anbieter vor. Und um Ihnen die Orientierung weiter zu erleichtern, sind die vorgestellten Anlageformen mit einprägsamen Symbolen gekennzeichnet. Die Zahl der Blitze (eins bis drei) weist Sie auf die Höhe des Risikos hin, die Zahl der Bäumchen (ebenfalls eins bis drei) gibt Aufschluss über den ökologischen Effekt der betrachteten Anlageform. Zu allen Anbietern finden Sie Telefonnummern und Internetadressen. Wenn Sie sich anbieterunabhängig informieren wollen, können Sie sich auf die in diesem Buch dargestellten Informationsquellen und Anlageberatungen stützen.

9. Wem kann man vertrauen, wie kann man schwarze Schafe erkennen?

Der Boom des grünen Kapitalmarkts lockt auch unseriöse Anbieter an. Glücklicherweise gibt es Verzeichnisse von dubiosen und intransparenten Angeboten, auf die in diesem Buch unter der Überschrift »Wie Sie dubiose Angebote erkennen« auf Seite 58 näher eingegangen wird. Sie können die dort beschriebenen, laufend aktualisierten Warnlisten im Internet einsehen.

10. Ich möchte 10 000 Euro anlegen. Können Sie mir eine Anlageempfehlung geben?

In diesem Buch finden Sie vier Musterportfolios (siehe ab Seite 72). Damit Sie diese auf Ihre individuelle Situation anwenden können, sollten Sie einige Fragen beantworten: In welcher Lebensphase befinden Sie sich? Wie ist Ihr Vermögen derzeit zusammengesetzt? Haben Sie eine Liquiditätsreserve gebildet? Welches Risiko können Sie, welches wollen Sie eingehen? Auch wenn Sie probehalber mit einem kleineren Betrag einsteigen wollen, finden Sie dazu in diesem Ratgeber eine Empfehlung (siehe Seite 75 f.).

1

Vom Nischenprodukt zum Milliardenmarkt

Ethisch-ökologische Geldanlagen liegen im Trend. Das lässt sich unschwer an einigen wenigen Zahlen ablesen. So zählt der Branchendienst ECOreporter.de 174 in Deutschland zum Vertrieb zugelassene Fonds aus den Bereichen Nachhaltigkeit, Ethik und erneuerbare Energien (Stichtag 30. Juni 2008). Ein halbes Jahr zuvor waren es erst 155, am Jahresanfang 2007 gar erst 111. Das Gesamtvolumen dieser Fonds lag in Deutschland zur Jahresmitte 2008 bei 25,1 Milliarden Euro. Anfang 2007 belief sich das in nachhaltigen Fonds gebundene Vermögen erst auf 13,4 Milliarden Euro.

Gehen wir ein wenig weiter in die Vergangenheit zurück, so sehen wir, dass das bei grünen Banken, in Beteiligungsfonds, neu emittierten Umweltaktien, Fondsanteilen und grünen Zertifikaten angelegte Vermögen im Jahr 2000 insgesamt erst gut 2 Milliarden Euro ausmachte. Daraus lässt sich schließen, dass der Umfang des grünen Kapitalmarkts innerhalb von acht Jahren auf mehr als das Zwölffache angewachsen ist.

Als ECOreporter.de diese Daten im Jahr 1997 erstmals ermittelte, verfügten die damals zwölf nachhaltigen Fonds sogar nur über 220 Millionen Euro – weniger als 1 Prozent des heutigen Volumens.

Insbesondere der Zufluss von Geldern in grüne Investmentfonds schwillt rasant an. Auch die Finanzierung etwa von Windkraftprojekten ist heute »business as usual«: Zunehmend investieren auch rein renditeorientierte Anleger und Finanzinstitute in diesen Bereich.

Nach einer Mitte 2008 durchgeführten Umfrage der DZ Bank hält bereits jeder fünfte Anleger Ökoinvestments. Jeder dritte hält ein Engagement in diesem Bereich vor dem Hintergrund der steigenden Energiepreise und der Diskussion um den Klimawandel für interessant. Im Zentrum der Aufmerksamkeit stünden dabei Anlagen in Unternehmen, die im Bereich erneuerbare Energien tätig sind. Weiterhin offenbart die Umfrage, dass vor allem die jüngere Generation an Ökoinvestments interessiert ist. Während in den Altersgruppen 18 bis 29 Jahre und 30 bis 39 Jahre jeweils mehr als 36 Prozent der Befragten solchen Anlagen aufgeschlossen gegenüberstehen, kommen Umweltanlagen bei den über 65-Jährigen nur noch für 24 Prozent infrage.

Immer mehr Anbieter und Produkte

Vom Girokonto über Aktienfonds bis zur Lebensversicherung – zu jedem »normalen« Geldprodukt gibt es inzwischen »grüne« Alternativen. Weit über 100 größere Anbieter tummeln sich auf dem Markt, darunter Banken, Aktiengesellschaften, Anbieter von Renten- und Mischfonds, Lebensversicherungen, Pensions- und Unterstützungskassen. Zusätzlich werden Aktienzertifikate und verschiedene festverzinsliche Wertpapiere angeboten.

Neben den großen Finanzdienstleistern gibt es eine Vielzahl

kleinerer Anbieter, beispielsweise in den Bereichen regenerative Energien und nachhaltige Holzwirtschaft, die Beteiligungen entweder direkt im Umfeld der Projekte oder über ein wachsendes Netz von Vermittlern und Maklern anbieten.

Noch deutlicher wird die Dynamik des grünen Kapitalmarkts, wenn man auf die Situation Ende der 1990er Jahre zurückblickt. Damals konnte man die Anbieter noch an zwei Händen abzählen: die GLS Gemeinschaftsbank eG, die 1974 gegründete Pionierin des ethischen Bankings in Deutschland, die allerersten Windkraftfonds, die 1989 entstanden, daneben zwei oder drei Investmentfonds und erste grüne Aktien- und Kommanditgesellschaften wie die Rapunzel AG und die Ökotest-Verlags KG.

Längst sind auch die großen Banken und Fondsgesellschaften in den lukrativen grünen Markt eingestiegen, etwa die Schweizer Bankgesellschaft UBS mit Windkraft-, Solar- und Bioenergie-Fonds und einer Fülle von Beteiligungsangeboten.

Die Aktie steht im Rampenlicht

Im deutschsprachigen Raum waren grüne Sparkonten, Sparbriefe und Festgelder die ersten grünen Geldanlagen, die angeboten wurden. Danach kam der Boom der Windkraftfonds, meistens in der Rechtsform der Kommanditgesellschaft organisiert.

Später wurden – ausgelöst durch den Aufschwung des (heute nicht mehr existierenden) Neuen Markts – auch im grünen Bereich immer mehr Aktiengesellschaften gegründet, vor allem im Bereich erneuerbare Energien. Ein Teil dieser Aktien ist an der Börse notiert, andere Werte werden außerbörslich gehandelt.

Warum ist die Rechtsform der Aktiengesellschaft bei vielen Unternehmensgründern so populär? Zum einen kann sich der Anleger einfacher von Aktien trennen als von langfristigen Beteiligungen im Rahmen alternativer Unternehmensformen. Zum Zweiten eröffnet die Aktie neben eventuellen Dividenden die Möglichkeit leicht realisierbarer Kursgewinne. Und drittens können Investmentfonds beziehungsweise die hinter diesen stehenden Kapitalanlagegesellschaften, die in der Regel über erhebliche Mittel verfügen, nur in Unternehmen investieren, die als Aktiengesellschaften geführt werden. Alle drei Faktoren erleichtern die Kapitalbeschaffung gerade für junge, stark expandierende Firmen.

Ganz vorn: Grüne Investmentfonds

Das beeindruckende Wachstum des Mittelzuflusses in den gesamten grünen Kapitalmarkt wird von der fast explosionsartigen Entwicklung bei den grünen Investmentfonds noch übertroffen.

Neben klassischen grünen Aktienfonds werden zunehmend sogenannte Nachhaltigkeits- und Best-in-Class-Fonds aufgelegt. Diese Fonds investieren in konventionelle Unternehmen unterschiedlichster Branchen, die ihre Produktion unter ökologischen und sozialen Gesichtspunkten vorbildlich gestalten (mehr dazu ab Seite 96).

Beispiel

Besonders interessant unter den Aktienfonds ist der Indexfonds GreenEffects, der nur in den Unternehmen anlegt, die im Natur-Aktien-Index (NAI) enthalten sind. Daneben gibt es grüne Renten- und Mischfonds, die ganz oder teilweise in festverzinsliche Wertpapiere investieren.

Die Spekulation treibt Blüten

Der grüne Kapitalmarkt hat sich etabliert. Solar- und Windkraftanlagen sind längst nicht mehr die einzigen interessanten Anlageobjekte. Regenerative Energien werden mittlerweile selbst von den großen Energiekonzernen als wichtige Zukunftstechnologien angesehen (siehe Seite 182 ff.). Bioprodukte und Naturkosmetik finden sich in fast jedem Supermarkt.

Die Vermarktung der Öko-Finanzprodukte wird immer professioneller und plakativer. Sie umfasst immer stärker die emotionale Ebene. Nicht mehr der gesellschaftliche Nutzen, sondern das Interesse der Investoren wird in den Vordergrund gestellt. Auf die Vergangenheit bezogene Renditebeispiele mit teilweise erheblichen zweistelligen Kurssteigerungen sollen »Appetit auf mehr« machen.

Das enorme Anlegerinteresse hat leider nicht nur günstige Auswirkungen. Es ist wie immer an der Börse: Bestimmte Aktien sind »trendy«, viel Geld fließt in den Markt und treibt die Kurse hoch. Viele der neuen grünen Aktiengesellschaften im Bereich Solar-, Wind- und Bioenergie oder in der Holzwirtschaft haben eine solide wirtschaftliche Grundlage; dennoch erscheinen die Kurse häufig als überbewertet. Teilweise übertrifft der Umfang der Mittel im Markt die Beträge, die sich in interessanten und seriösen Unternehmen sinnvoll anlegen lassen.

Die Berg- und Talfahrt der Kurse zeigt, wie stark die spekulativen Elemente auch im grünen Kapitalmarkt sind. Der Boom des grünen Geldes ruft zunehmend auch dubiose Anbieter, Finanzmakler und Vermittler auf den Plan, denen es nur darum geht, mit dem Etikett »grün« das schnelle Geld zu verdienen. Konkursfälle und Betrugsverfahren rufen in Erinnerung, dass man auch auf dem grünen Kapitalmarkt vor schwarzen Schafen auf der Hut sein muss (mehr dazu später auf Seite 58 f.).

Auch hat sich gezeigt, dass bestimmte Anlageformen zwar den Anlegern ein positives Gefühl vermitteln, auf der anderen Seite aber kaum die ökologische Umgestaltung der Wirtschaft im gewünschten Sinne beeinflussen.

Wie wirken grüne Geldanlagen?

Anders als im konventionellen Bankgeschäft steht bei grünen Geldanlagen die Verwendung des Geldes im Mittelpunkt. Je nach Anlageform können Sie als Anleger sogar im Detail entscheiden, welches konkrete Projekt oder Unternehmen mit ihren Mitteln finanziert werden soll. Das klingt vielversprechend. Doch was können grüne Geldanlagen tatsächlich bewirken?

Der erste und wohl wichtigste Effekt ist, dass Projekten oder Unternehmen Finanzierungsmittel zufließen, die sie ansonsten nur zu schlechteren Konditionen oder gar nicht beschaffen könnten.

Beispiel

■ *Durch die Emission von Aktien konnten Firmen wie Energiekontor AG oder Solarworld AG ihr Eigenkapital aufstocken, um zukunftsweisende, aber kapitalintensive und auch risiko-*

trächtige Projekte der regenerativen Energieerzeugung angehen zu können.

- *Durch außerordentlich günstige Kredite und innovative Finanzierungsideen der GLS Gemeinschaftsbank eG (mehr zu dieser Bank auf Seite 89 f.) konnten viele soziale und ökologische Projekte realisiert werden, die bei anderen Banken ohne jede Chance gewesen wären.*

Interessanterweise ist oft das direkte finanzielle Engagement von Anlegern eine entscheidende Stütze, wenn Projekte in schwierige Situationen geraten.

Beispiel

Der 1985 gegründete Öko-Test-Verlag finanzierte sich anfänglich ausschließlich über Kommanditbeteiligungen. Als die gleichnamige Zeitschrift in den ersten Jahren ihrer Herausgabe mehrfach vor dem Aus stand, wurde das Eigenkapital laufend durch direkte Einlagen aus dem Umfeld jener aufgestockt, die den Verlag auch ideell unterstützten. So konnte der Gang zum Konkursrichter abgewendet werden. Wäre der Verlag allein auf eine konventionelle Bankfinanzierung angewiesen gewesen, so wäre das Projekt unweigerlich gescheitert. Heute beträgt das Grundkapital der Ökotest-Holding AG mehr als 5 Millionen Euro, die Hälfte davon halten die rund 1500 ehemaligen Gesellschafter der Öko-Test GmbH & Co KG.

Gelder, die grünen Banken anvertraut werden, müssen zu einem Teil als Pflichteinlage bei der Zentralbank und als Liquiditätsreserve bei anderen Banken geparkt werden. Daher können nur rund zwei Drittel als Kredit weitergeleitet werden; dies jedoch teilweise zu oft günstigen Konditionen.

Der Finanzierungseffekt von grünen Geldanlagen ist besonders hoch bei Neuemissionen von Aktien und bei Beteiligungsfonds, weil die investierten Beträge nach Abzug der Vertriebskosten direkt bei den Empfängern landen. Durch die Neuausgabe von Aktien beschaffen sich viele Pionierunternehmen neues Eigenkapital, um zum Beispiel den Ausbau regenerativer Energien voranzutreiben.

Beim Kauf von bereits emittierten Aktien ist das anders: Hier fließt das von Ihnen angelegte Geld nicht dem Unternehmen zu, sondern landet in der Tasche des Vorbesitzers. Sie tragen mit Ihrem Kauf zwar dazu bei, dass sich das Handelsvolumen der Aktie erhöht und diese »liquider« wird (also leichter zu kaufen und zu verkaufen ist), eine direkte Finanzierungswirkung hat ihr Erwerb aber nicht. Erst wenn das Unternehmen wieder neue Aktien ausgibt, spielt der aktuelle Aktienkurs, das heißt der Kurs der schon im Umlauf befindlichen Aktien, erneut eine Rolle. Er bestimmt nämlich maßgeblich den Emissionskurs und damit den zu erwartenden Emissionserlös des Unternehmens.

So weit zur Finanzierungswirkung. Doch wie steht es mit der ökologischen Wirkung von Aktienkäufen? Da der Anteil der Neuemissionen am gesamten Aktienhandel auf längere Sicht sehr gering ist, muss man deren ökologische Wirkung differenziert betrachten (mehr dazu auf Seite 46 f.). Die gleiche Einschränkung gilt für alle Aktieninvestmentfonds.

Allerdings schafft die Geldanlage in grünen Aktien auch indirekt Anreize zu ökologischen Verbesserungen. Die Präsenz des Themas in der Öffentlichkeit erhöht die Sensibilität aller Unternehmen für ökologische Fragen. Unter anderem wird auch die Frage wichtiger, ob die am Aktienmarkt notierten Gesellschaften vor den Augen der Manager grüner Investmentfonds Bestand haben. Die Fondsmanager wiederum müssen ihre Anlagestrategie und die Auswahl ihrer Aktien den Anlegern gegenüber laufend begründen. Sie können durch kontinuierliche Nachfragen und Recherchen einen gewissen, wenn auch nicht genau bestimmbaren Einfluss auf die Unternehmensführung nehmen. Zudem stützen sie sich auf die Arbeit von Forschungsinstituten wie die Münchener Rating-Agentur oekom research, die das Geschäftsgebaren von Unternehmen unter ethischen und ökologischen Gesichtspunkten durchleuchten. Die Analysen dieser Institute liefern einen Teil der Informationsbasis zur Bewertung der grünen Investmentfonds aufseiten der Anleger – und damit schließt sich der Kreis. Investmentfonds werden somit – wenigstens potenziell – zu einer Art »Kommunikationsagentur« zwischen ökologisch orientierten Anlegern und Unternehmen, eine Funktion, die von den bestehenden grünen Fondsgesellschaften allerdings intensiver genutzt werden könnte.

Mittlerweile dehnen ökologisch ausgerichtete Rating-Agenturen ihre Tätigkeit auf immer mehr Unternehmen aus – auch auf so große wie Siemens oder Telekom, die in sehr unterschiedlichem Maß ökologische Gesichtspunkte in ihre Geschäftstätigkeit einbeziehen. Auf dem Umweg über die Öffentlichkeit entsteht so Druck auf alle Anbieter. Oder umgekehrt formuliert: Werden die Aktien eines Unternehmens als »grün« eingestuft, so bringt ihm dies letztlich auch Imagevorteile ein, die sich außerhalb des Kapitalmarkts positiv auswirken (mehr dazu auf Seite 36 ff.).

Die im Gesetz über die Zertifizierung von Altersvorsorgeverträgen fixierte Pflicht für Lebensversicherungen und Fonds, über die Berücksichtigung ethisch-ökologischer Aspekte bei ihrer Anlagepolitik zu berichten, trägt dazu bei, die Transparenz in Sachen Ökologie und Geschäft zu verstärken.

Ethische Geldanlagen – ein schwer fassbares Konzept

So viel mit grünen Geldanlagen auch erreicht werden kann, eines können Sie mit Ihrer Anlageentscheidung nicht: Es wird Ihnen als Einzelnem nicht gelingen, bestimmte Entwicklungen zu verhindern.

Beispiel

Kampagnen gegen Dow Chemical oder die Apartheid-Politik in Südafrika, die die Forderung vertraten, »den Banken das Geld für solche Zwecke wegzunehmen«, hatten eine politische und keine wirtschaftliche Wirkung. Denn es gibt weltweit zu viel Kapital, das ohne moralische Rücksichten jede Finanzierungslücke schließt, wenn nur die Rendite stimmt.

Wie aussichtslos der Versuch eines »Austrocknens« der globalen Finanzierungsströme ist, illustriert ein Zeitungsartikel, der zur Zeit der Boykottaufrufe in den achtziger Jahren veröffentlicht wurde. Er zeigt, dass die betroffenen südafrikanischen Aktiengesellschaften gerade wegen des Finanzierungsboykotts eine interessante Anlagealternative für antizyklisch agierende Investoren waren.

Solche Befunde werfen die Frage auf, welchen Sinn die weitverbreiteten »Negativkataloge« vieler grüner Investmentfonds haben. Hierbei wird der Erwerb von Aktien ausgeschlossen, wenn diese bestimmte Ausschlusskriterien erfüllen – zum Beispiel die Beteiligung an Rüstungsgeschäften, an Atomkraft oder Chlorchemie. Im angelsächsischen Bereich ist auch die Ächtung von Alkohol- oder Zigarettenherstellern weitverbreitet.

Tatsächlich haben solche Negativkriterien vor allem eine symbolische Wirkung. Selbst in den USA, wo circa 10 Prozent des gesamten Geldvermögens nach (verschiedensten) ethischen Kriterien verwaltet werden, bringt dies keinen Suchtmittelproduzenten in ernsthafte Finanzierungsprobleme.

Den Anlegern geht es vermutlich auch um etwas anderes. Nicht die verändernde Kraft der eigenen Anlageentscheidung – im Sinne einer Verantwortungsethik – steht im Vordergrund. Vielmehr geht es darum, die eigene Beteiligung an bestimmten Vorgängen zu verweigern, die als unethisch empfunden werden. In den USA betrifft dies beispielsweise Unternehmen, die ihr Geld mit dem Glücksspiel verdienen, im deutschsprachigen Raum vor allem die Rüstungs- und Atomindustrie. Im moslemischen Kulturkreis wiederum sind Zinsgeschäfte weitgehend verpönt.

Ein solcher gesinnungsethischer Ansatz findet sich zum Beispiel auch in dem verbreiteten Slogan für grüne Geldanlagen, der da lautet: »Gute Rendite mit gutem Gewissen.«

Die sehr unterschiedlichen ethischen Negativkriterien, von denen bisher die Rede war, machen auch deutlich, dass es – abgesehen von den grundlegenden Menschenrechten – kaum allgemeingültige ethische Kriterien gibt. Aus diesem Grund hat es auch die BaFin, die deutsche Bundesanstalt für Finanzdienstleistungsaufsicht, bisher abgelehnt, die Bezeichnung »Ethische Fonds« zu genehmigen.

Positiv- und Negativkriterienkataloge können nur ein – eher sperriger – Orientierungsrahmen für die ethische Geldanlage sein. Auch kann es ethische Finanzprodukte im eigentlichen Sinne nicht geben, da Ethik eine Frage des menschlichen Handelns ist und keine dem einen oder anderen Objekt innewohnende Eigenschaft.

Dass menschliches Handeln nach ethischen Gesichtspunkten überhaupt nicht selbstverständlich ist, zeigt das fast automatenhaft ablaufende Geschehen im globalen Geldsystem. Kauf- und Verkaufsentscheidungen werden kaum je nach einem anderen Kriterium getroffen als nach dem der Gewinn- oder Vermögensmaximierung. Der einzelne Mensch hat hierbei nur noch bestimmte Funktionen der Informationsverarbeitung möglichst perfekt zu erfüllen. Konsequenterweise wurden diese Funktionen mehr und mehr an elektronische Systeme übertragen.

Wer mit seiner Geldanlage jenseits finanzieller Kriterien etwas bewirken will, der sollte darauf achten, dass die Anlageform bestimmte, aus seiner Sicht sinnvolle Projekte oder Unternehmen begünstigt, entweder durch vorteilhafte Finanzierungskonditionen oder dadurch, dass überhaupt erst Mittel für sie aufgebracht werden können. Im Kern geht es bei ethischer Geldanlage darum, das eigene Handeln mit den eigenen Werten in Übereinstimmung zu bringen. Das allein ist schon schwer genug.

Transparenz ist das Schlüsselwort

Um Verantwortung übernehmen zu können, muss man die Auswirkungen der eigenen Entscheidungen überschauen können. Die Undurchschaubarkeit des heutigen Bankwesens steht dem entgegen. Was mit seinem investierten Geld geschieht, wofür es eingesetzt wird und woher die Erträge stammen, die am Jahresende dem Konto oder Sparbuch gutgeschrieben werden, ist für den Anleger kaum oder gar nicht nachvollziehbar.

Hier haben vor allem die grünen Banken wichtige Akzente gesetzt. Institute wie die Alternative Bank Schweiz und die GLS Gemeinschaftsbank eG informieren ihre Anleger in vorbildlicher Weise darüber, welche Unternehmen und Initiativen welche Beträge für welche Zwecke erhalten haben. Ausführliche Reportagen in den jeweiligen Kundenzeitschriften (*Moneta* und *Bankspiegel*) und die Einladung an die Anleger, gemeinsam mit den Bankmitarbeitern einzelne Projekte zu besuchen, runden das Bild ab.

Auch was die Beteiligungsfonds angeht, so kann sich jeder Anleger im Detail darüber informieren, was durch seine Beteiligung ermöglicht wird. Oft werden hier jährliche Gesellschafterversammlungen mit Besichtigungen der realisierten Projekte verbunden. Hinsichtlich der Anlage in Aktien, Aktienzertifikaten und Investmentfonds ist die Transparenz zumindest größer als bei konventionellen Banken.

Was grünes Geld bewegen kann: Vier Beispiele

Windkraftpioniere: Es begann mit 200 000 D-Mark

Die Schleswig-Holsteinischen Biobauern Thomas Scharmer und Fritz Otto gehören zu den Pionieren der Windkraft. 1987/88 installierten sie auf ihren Höfen zwei der ersten Anlagen in Deutschland. Auslöser war die Reaktorkatastrophe von Tschernobyl im April 1986: »Die Gefahren der atomaren Stromgewinnung sind uns deutlich vor Augen geführt worden. Wir konnten unsere Tiere wegen der erhöhten Radioaktivität nicht mehr auf die Weiden lassen, und selbst unsere besten Kunden sind auf H-Milch umgestiegen«, erinnert sich Thomas Scharmer.

Damit nicht genug. Wenige Monate später ging in unmittelbarer Nachbarschaft das Atomkraftwerk Brokdorf ans Netz. Die Landwirte wollten nicht mit ihren jährlichen Stromrechnungen von 25 000 D-Mark die Atomindustrie ungewollt mitfinanzieren. Der Bau einer eigenen Windkraftanlage kam ihnen in den Sinn.

Aber wie die erforderlichen 200 000 D-Mark aufbringen? Die Bauern wandten sich an die Bochumer GLS Bank. Mithilfe der zunächst skeptischen Alternativbanker wurde ein Konzept erarbeitet. Innerhalb kürzester Zeit war das Kapital von Privatleuten in Form von Direktbeteiligungen bereitgestellt.

Wenig später, im Jahr 1989, entschloss sich die GLS Bank, den ersten Beteiligungsfonds für Windkraftanlagen aufzulegen. Aus vielen solchen Pioniertaten ist in Deutschland binnen knapp 20 Jahren eine Wirtschaftsbranche mit rund 10 000 Photovoltaikunternehmen, 40 000 direkten und indirekten Arbeitsplätzen und einem Umsatz von über 5 Milliarden Euro entstanden. Die Finanzierung von Windanlagen ist heute Alltagsgeschäft von Beteiligungsgesellschaften.

Das Gut Rothenhausen, auf dem Fritz Otto arbeitet, betreibt seine alte Enercon 16 mit einer Nennleistung von 55 kW nach wie vor. Im Jahr 2003 wurde ein weiteres Windrad errichtet. Ein Jahr später ergänzte Gut Rothenhausen sein Energiekonzept um eine neue Heizanlage, die die bis dahin betriebenen Ölheizungen ersetzt. Aus insgesamt 18 Erdsonden mit einer Tiefe von jeweils 80 m wird dem Boden durch Sole-Wasser-Leitungen eine Wärme von etwa 8° C entnommen und mit elektrischer Energie in den Wärmepumpen auf maximal 50° C komprimiert. Diese Wärme sorgt im Winter für die Beheizung des Gutes sowie das ganze Jahr hindurch für die Warmwasserbereitung. Rothenhausen ist nicht nur Selbstversorger in Sachen Energie, sondern produziert einen Energieüberschuss von 80 Prozent, den es veräußern kann.

Kontaktdaten

- Fritz Otto, Hofgemeinschaft Gut Rothenhausen, www.gutrothenhausen.de, Telefon 04508-414, E-Mail: info@gutrothenhausen.de

Die Stromrebellen von Schönau

In Schönau, einer kleinen Gemeinde im südlichen Schwarzwald, konnte zum ersten Mal in der Geschichte der Bundesrepublik eine Bürgerinitiative die Versorgungskonzession für ein lokales Stromnetz erringen. Die Bürger übernahmen einfach das kommunale Stromnetz und betreiben es nun selbst. Seitdem leiten sie nur sauberen, konsequent atomstromfreien Strom in ihr Netz: Strom aus Wasserkraft und Kraftwärmekopplungsanlagen von Unternehmen, die nicht mit der Atom- und Kohlewirtschaft verflochten sind. Damit hat die Gemeinde ein mustergültiges ökologisches Energiekonzept verwirklicht. Darüber hinaus hat sie mehr als 30 neue Arbeitsplätze geschaffen.

Wie konnte das gelingen? Zunächst stimmte die Schönauer Bevölkerung – anfangs gegen Entscheidungen des eigenen Stadtrats – in zwei Bürgerentscheiden dafür, den lokalen Ausstieg aus der Atomenergie zu wagen. Dann musste das Stromnetz dem bisherigen Betreiber abgekauft werden. Um die schwierige Finanzierung zu stemmen, initiierten die Bürgerinitiative und die GLS Bank die bundesweite Kampagne »Ich bin ein Störfall«. Binnen weniger Wochen spendeten mehr als 2000 Unterstützer über eine Million D-Mark. Weitere 2,4 Millionen D-Mark wurden durch einen Beteiligungsfonds der GLS Bank aufgebracht. Am 1. Juli 1997 war man am Ziel: Die Übernahme des Stromnetzes war finanziert und der Weg in eine atomfreie Zukunft in Schönau offen.

Mittlerweile hat Schönau den höchsten Solarstromanteil in ganz Deutschland. Aus der Netzkaufinitiative sind die Elektrizitätswerke Schönau (EWS) hervorgegangen. Heute kann jeder Stromkunde in Deutschland Strom der EWS bestellen und damit für eine zukunftsfähige Energiewirtschaft eintreten. Mehr als 75 000 Kunden nehmen diese Möglichkeit wahr. Aus der Anti-AKW-Initiative sind bundesweit erfolgreiche grüne Unternehmer geworden.

Kontaktdaten

- EWS Schönau Vertriebs GmbH, www.ews-schoenau.de, Telefon 07673/8 88 50, info@ews-schoenau.de

Mikrofinanz gegen Armut

»Jeden Tag, wenn ich nach Hause komme, sehe ich, wie die Mikrokredite mein Leben verändert haben. Mit dem ersten Kredit konnte ich meinen Marktstand vergrößern. Mit dem Verdienst habe ich das Erdgeschoss unseres Hauses ausgebaut. Jetzt haben wir Steinwände, Wasser und Strom.« Jaqueline Callisaya aus Bolivien ist Markthändlerin und hat über eine lokale Mikrofinanzinstitution von Kleinkrediten profitiert.

Häufig reicht ein Darlehen über 50 oder 100 Euro aus, damit arme Menschen sich ein kleines Gewerbe aufbauen und so einen verlässlichen Lebensunterhalt erwirtschaften können. Für die meisten Mikrokreditnehmer bedeutet der erste Kredit den Einstieg in wirtschaftliche Aktivität, weitere dienen dann dem Ausbau der Geschäfte und der Stärkung ihrer Wirtschaftskraft.

Viele Menschen aus Entwicklungs- und Schwellenländern haben so mithilfe von Kleinkrediten einen Weg aus der Armut gefunden: Sie kaufen und bewirtschaften ein Stück Land oder erwerben eine Kuh oder ein Handy, das sie gegen geringe Gebühren an Nachbarinnen verleihen.

Der entscheidende Effekt der Kredite besteht darin, dass diese Menschen als Geschäftspartner/-innen ernst genommen werden und daraus Motivation für die Selbsthilfe entwickeln. Mikrokredite richten sich hauptsächlich an Frauen, denn sie haben sich als sehr verlässliche Partnerinnen erwiesen. So werden traditionelle Rollen infrage gestellt – das schafft zwar Konflikte, verhilft Frauen aber auch zu Selbstachtung, Würde und Hoffnung. Sie bezahlen mit ihren höheren Einkommen den Schulbesuch ihrer Kinder und Gesundheitskosten, die sich die Familien sonst nicht leisten könnten. So lösen Mikrokredite wichtige Entwicklungsimpulse aus – über die eigentliche Geschäftstätigkeit hinaus.

Dass das System der Mikrokredite funktioniert, hat zwei wesentliche Gründe. Erstens werden die Kredite meist über sogenannte Kreditgruppen vergeben. Wer einen Kredit benötigt, muss sich zuerst einer Kreditgruppe anschließen. Ohne die Zustimmung dieser Gruppe wird kein Kredit vergeben, denn häufig haften die anderen Mitglieder der Gruppe für die Rückzahlung. Solidarität und soziale Kontrolle vereinen sich zu einem Erfolgsmodell. Zweitens bieten Mikrofinanzinstitutionen Training im Umgang mit dem Kredit und Angebote zum Sparen.

Das Mikrofinanz-Modell der Grameen Bank von Friedensnobelpreisträger Muhammad Yunus hat deshalb weltweit Schule gemacht. In mehr als 100 Ländern gibt es inzwischen Mikrofinanzinstitutionen, die alle ein gemeinsames Ziel verfolgen: Finanzdienstleistungen für arme und benachteiligte Menschen zugänglich zu machen, die von »normalen« Banken keinen Kredit bekommen würden. Rückzahlungsquoten von 95 bis 99 Prozent zeigen, wie erfolgreich Mikrokredite genutzt werden. Deshalb gelten sie heute als ein wirksames Instrument zur Überwindung von Armut.

Um vermehrt Mikrokredite vergeben zu können, benötigen die meisten Mikrofinanzinstitutionen Kapital von externen Geldgebern. Der Bedarf wird aktuell auf weitere 250 Milliarden US-Dollar für eine Milliarde Menschen geschätzt.

Eine der geldgebenden Organisationen ist die Entwicklungsgenossenschaft Oikocredit, die weltweit als einer der größten privaten Finanziers von Mikrofinanzinstitutionen gilt. 450 dieser Organisationen in 60 Ländern profitieren derzeit von der langjährigen Erfahrung von Oikocredit in diesem Sektor. Die Investitionen beliefen sich Mitte 2008 auf 260 Millionen Euro. Ein besonderes Augenmerk legt Oikocredit auf die Förderung von im Aufbau begriffenen Mikrofinanzinstitutionen und solchen, die im ländlichen Raum aktiv sind. Anlegerinnen und Anleger können ab 200 Euro investieren.

Kontaktdaten

- Oikocredit – Dachverband der deutschsprachigen Förderkreise, Ebertplatz 12, 50668 Köln, Telefon 0221/13 99 698-0, E-Mail: dachs@oikocredit.org, www.oikocredit.org

Camphill Alt-Schönow – das Leben selbst in die Hand nehmen

Eine kleine Gruppe österreichischer Emigranten entschloss sich 1939, in Schottland eine Gemeinschaft für und mit behinderten Kindern zu bilden. Aus diesem bescheidenen, vom Krieg bedrohten Anfang entwickelte sich die Camphill-Bewegung, der heute mehr als 100 Einrichtungen für Heilpädagogik und Sozialtherapie in vier Erdteilen angehören. Eine davon liegt in Alt-Schönow am Rande Berlins. Dort leben und arbeiten 43 geistig und körperlich behinderte Erwachsene in einer Camphill-Lebensgemeinschaft. Ihre therapeutische Betreuung orientiert sich am anthroposophischen Menschenbild. Danach wird Behinderung nicht als Mangel, sondern als Ausdruck der besonderen Individualität aufgefasst.

Die Gemeinschaft lebt und wirtschaftet in fünf Häusern und sechs Wohngruppen. In der Weberei fertigt sie Kleidung und Teppiche aus Naturfasern, sie arbeitet in der Gartenwerkstatt und in der Remise und sie erledigt die gesamte anfallende Wäsche in der hauseigenen Wäscherei selber. Natürlich wird auch gebastelt, gemalt, gesungen und gespielt. Einen hohen Stellenwert im therapeutischen Konzept hat das Kulturleben: Die Betreuten und Betreuer beschäftigen sich mit Musik, bildender Kunst, Literatur und künstlerischer Bewegung.

Um dieses Zusammenleben zu ermöglichen, musste auf dem Grundstück in erheblichem Umfang Eigenarbeit geleistet werden. In regelmäßigen Arbeitseinsätzen von Eltern, Freunden, zukünftigen Mitarbeitern und Bewohnern wurden das Gelände und die vorhandenen Gebäude nutzbar gemacht. Zuletzt wurde Raum für neue Mitbewohner geschaffen: Die Bauarbeiten für ein neues Wohnhaus und das Gemeinschaftshaus konnten Anfang 2008 abgeschlossen werden. Die beiden zusätzlichen Gebäude bieten neuen Wohnraum und Platz für Aktivitäten. Mit rund 1,5 Millionen Euro hat die GLS Bank das Projekt aus den Spareinlagen ihrer Anleger finanziert.

Kontaktdaten

- Camphill Lebensgemeinschaft Berlin-Zehlendorf e.V., Alt-Schönow 5, 14165 Berlin, Telefon 030/84 57 18 90, www.camphill-alt-schoenow.de, E-Mail: verwaltung@camphill-alt-schoenow.de

Sustainability: Auch Großkonzerne müssen nachhaltig wirtschaften

In den letzten Jahren fallen am grünen Kapitalmarkt immer häufiger die Namen von Unternehmen, die man dort nicht von vornherein erwartet, zum Beispiel Deutsche Telekom, Sony, Bayer oder Henkel. Die Produkte, die etwa Henkel anbietet – von Klebstoffen bis zu Reinigungsmitteln –, weisen das Unternehmen nicht auf den ersten Blick als ökologisch orientiert aus. Dabei gehört Henkel zu den Pionieren von »Sustainability«, des Konzepts einer nachhaltigen Wirtschaftsweise. Ein sorgsam ausgewogenes Verhältnis zwischen Ökologie, Ökonomie und sozialem Engagement soll den wirtschaftlichen Erfolg und die Attraktivität des Unternehmens sichern.

Dieses neue unternehmerische Denken ist aus ökologischer Sicht sehr zu begrüßen. Die Unterscheidung zwischen »guten« Unternehmen, die ökologisch sinnvolle Produkte herstellen, und dem großen »Rest« der Wirtschaft beginnt sich aufzulösen. Das ist vernünftig, denn schließlich machen Wind-, Wasser- oder Solarenergie nur einen Teil einer ökologisch ausgerichteten Wirtschaft aus. Es ist an der Zeit, das gesamte Wirtschaftssystem unter ökologischen Gesichtspunkten umzubauen. Es kann nicht mehr allein darum gehen, bestimmte ökologische (Nischen-) Produkte herzustellen. Vielmehr müssen sich alle Produkte – sei es in der Herstellung oder sei es in ihrer Verwendung – an ökologischen Kriterien messen lassen.

Immer mehr Unternehmen verpflichten sich mittlerweile zu einer nachhaltigen Wirtschaftsweise. Sie empfinden Umweltschutzauflagen nicht mehr nur als Bürde, die in erster Linie Kosten verursacht, sondern erkennen in ihnen beispielsweise einen Hinweis auf mangelnde Effizienz bei der Energienutzung. In der heutigen Informationsgesellschaft ist es nicht mehr sinnvoll, darüber nachzudenken, wie Umweltauflagen am besten umgangen werden können. Kein Unternehmen kann sich einen schlechten Ruf leisten, schon gar nicht, wenn seine Aktien an der Börse gehandelt werden.

Die neue Frage, die sich zunehmend mehr Unternehmen stellen, lautet: Wie können ökologische und soziale Standards in eine zukunftsweisende Unternehmensstrategie integriert werden? Könnte vielleicht sogar sinnvoll sein, über die geforderten Auflagen hinauszugehen und eine führende Rolle auf dem Gesamtmarkt einzunehmen?

Beispiel

Der Autohersteller BMW hält sich freiwillig an die strengen Schweizer Lärmnormen. Auf diese Weise demonstriert er sein Umweltbewusstsein und seine Kompetenz in der Lösung von Umweltproblemen.

Wer heute als Manager lediglich auf möglichst schnellen Gewinn schielt, läuft Gefahr, sein Unternehmen zu verausgaben: seine Mitarbeiter, sein Image, seine ökologischen und sozialen Ressourcen und damit sein Entwicklungspotenzial für die Zukunft. Der heutige Primus in Sachen Gewinn kann morgen schon zu den »Sitzenbleibern« gehören, weil er die langfristige Entwicklung des Unternehmens nicht im Auge behalten hat.

Die Kriterien nachhaltigen Wirtschaftens sind vielfältig: Es soll moderne Technik entwickelt und genutzt werden, um die Umwelt zu schonen und den Energieverbrauch zu senken. Relativ hohe Gesundheitsstandards werden eingehalten. Es gibt Unternehmensbeauftragte für Umwelt- und Belegschaftsfragen. Darüber hinaus soll die Arbeit des Unternehmens den Anforderungen Rechnung tragen, die in seinem sozialen Umfeld gelten. Korruption und Geldwäsche sind zu bekämpfen. Die Öffentlichkeitsarbeit soll Erfolge und Misserfolge transparent machen, unter anderem durch regelmäßige Umwelt- und Sozialberichte.

Ob sich tatsächlich wesentliche Teile der Wirtschaft in dieser Weise umorientieren werden, bleibt abzuwarten. Doch es gibt Anzeichen dafür, dass der Trend in die richtige Richtung geht.

Beispiel

Die SAM Sustainability Group wurde 1995 in Zürich als unabhängiger Finanzdienstleister gegründet. Die Gruppe um den ehemaligen Bankanalysten Reto Ringger verfolgte das Ziel, einen auf das Kriterium der Nachhaltigkeit ausgerichteten Börsenindex zu schaffen. Ende der 1990er Jahre konnte sie die amerikanische Nachrichten- und Wirtschaftsagentur Dow Jones für die Idee gewinnen, einen gemeinsamen Nachhaltigkeitsindex ins Leben zu rufen.

Gemeinsam realisierte man die Dow-Jones-Sustainability-Indizes (DJSI). In diese Indizes werden nur solche Unternehmen aufgenommen, deren Geschäftsmodelle aus ökonomischer, ökologischer und sozialer Sicht besonders zukunftsfähig sind. Um weltweit Unternehmen identifizieren zu können, die gemäß diesem Nachhaltigkeitskonzept führend sind, entwickelte die SAM Group zusammen mit den Firmen Dow Jones Indexes und STOXX Limited ökonomische, ökologische und soziale Kriterien, die heute als objektive und professionelle Richtlinien für nachhaltige Investments gelten und von vielen Vermögensverwaltern zur Beurteilung von Unternehmen in punkto Nachhaltigkeit herangezogen werden.

Die Dow-Jones-Sustainability-Indizes waren die ersten Indizes, die die finanzielle Performance der führenden Firmen unter dem Aspekt der Nachhaltigkeit verfolgten. Seit 1995 prüfen die Experten von SAM die 2500 Unternehmen des Dow-Jones-World-Index, um diejenigen 10 Prozent herauszufiltern, die unter dem Gesichtspunkt der Nachhaltigkeit führend sind. Zur Bewertung der Entwicklung der DJSI werden regelmäßig Vergleiche mit dem Dow-Jones-Index angestellt, die bis 1993 zurückreichen. Da die Indexfamilie aber erst seit 1999 existiert, handelt es sich um zurückgerechnete Zahlen, die nur bedingt aussagekräftig sind. Sie legen aber den Schluss nahe, dass die Nachhaltigkeitsindizes in der Tendenz besser abschneiden als die »konventionellen« Dow-Jones-Indizes.

Mittlerweile basieren viele Investmentfonds und Zertifikate auf den DJSI. Privatanleger können sie ebenso erwerben wir Großanleger. Die Kursentwicklung der in den Indizes vertretenen Aktiengesellschaften belegt zumindest, dass die

Investoren Vertrauen in den Erfolg von Unternehmen haben, die langfristige Visionen und konkrete Strategien zur deren Verwirklichung entwickeln. »In der Regel laufen die Aktien dieser Firmen an der Börse besser als die Papiere der Firmen, die keinen Wert auf Sustainability legen«, sagt Dow-Jones-Chef David Morgan. Dieser Befund stützt Reto Ringgers Überzeugung: »Je konsequenter ein Unternehmen ökologische und soziale Kriterien integriert, desto größer ist die Wettbewerbsfähigkeit und desto besser die Rendite.«

Hintergrund: Eine Chronik ethisch-ökologischer Geldgeschäfte

Der enorme Aufschwung grüner Geldanlagen in Deutschland ist ein Phänomen der letzten Jahre. Die Wurzeln des ethisch-ökologischen Investments liegen im angelsächsischen Raum und hatten zunächst religiöse Hintergründe.

19. Jahrhundert Die Pensionskassen einiger Quäker-Firmen in den USA und Großbritannien schließen Investitionen in Rüstungsfirmen aus.

1928 Mit dem »Pioneer Fund« wird in den USA der erste Ethikfonds aufgelegt, der Unternehmen ausschließt, die mit Tabak, Alkohol und Glücksspiel Geld verdienen.

1969 Vor dem Hintergrund des Vietnamkriegs kritisieren Aktionäre die Napalm-Produktion von Dow Chemical. Das gesunkene öffentliche Ansehen der Firma führt zu Problemen bei der Personalrekrutierung an den Universitäten.

1971 Der Pax World Fund wird aufgelegt. Das Vermögen wird nur in Unternehmen investiert, die nicht in der Waffen- und Rüstungsindustrie aktiv sind.

1974 In Bochum wird die GLS Gemeinschaftsbank eG, die erste ethisch-ökologische Bank Europas gegründet.

1976 Vor dem Hintergrund der Schüleraufstände von Soweto entschließen sich immer mehr Banken in den USA, keine Kredite mehr an Südafrika zu vergeben.

1984 In der Schweiz wird die Freie Gemeinschaftsbank BCL gegründet. Wie die GLS Bank ist sie anthroposophisch orientiert.

1988 Die Frankfurter Ökobank eG entsteht nach heftigen Auseinandersetzungen mit den Bankenverbänden.

1989 Die Unternehmensgruppe BVT und die GLS Gemeinschaftsbank eG legen die ersten Windkraftfonds auf. Die Bank für Sozialwirtschaft und die Bank für Gemeinwirtschaft (heute in die schwedische Finanzgruppe SEB integriert) starten gemeinsam den ersten Umwelt-Investmentfonds im deutschsprachigen Raum.

1990 In Olten wird die Alternative Bank Schweiz gegründet.

1992 Der Vermögensberater Versiko bietet zusammen mit der Continentale Versicherung die erste fondsgebundene grüne Rentenversicherung an.

1994 In Nürnberg wir die UmweltBank AG gegründet. Die Skandia Lebensversicherung AG bietet die erste fondsgebundene Kapital-Lebensversicherung an.

1997 Der Natur-Aktien-Index (NAI) wird ins Leben gerufen.

1999 Mit dem SAM Sustainability Index Fonds wird der erste Nachhaltigkeits-Fonds aufgelegt. Mit dem UBS-Brennstoffzellen-Zertifikat Nr. 1 kommt das erste grüne Aktienzertifikat auf den Markt.

2000 Von 1998 bis 2000 nimmt das Volumen der Neuemissionen von grünen Aktien um 400 Prozent zu. In der gleichen Zeit werden im deutschsprachigen Raum mehr Umweltfonds aufgelegt als in den zehn vorhergehenden Jahren zusammen.

2001 Die Ökobank eG gerät in eine finanzielle Schieflage und verliert ihre Selbstständigkeit. Mit GreenEffects wird der erste Indexfonds aufgelegt, der sich am Natur-Aktien-Index orientiert. Die UmweltBank geht an die Börse.

2003 Die GLS Bank übernimmt das Bankgeschäft der Ökobank.

2004 Die GLS Bank gründet das Deutsche Mikrofinanz Institut (DMI).

2005 Die Triodos Finanz GmbH siedelt sich in Frankfurt am Main an, als 100-prozentige Tochter der niederländischen Triodos Bank. Sie engagiert sich im nachhaltigen Banking.

2006 Der Wirtschaftsprofessor und Gründer der Grameen-Bank Mohammed Yunus erhält für seine Arbeit im Mikrofinanzbereich in Bangladesch den Friedensnobelpreis.

2

Grüne Geldanlagen: Die Basics

Ob Sie klassische Bankeinlagen bevorzugen, mit einer Lebensversicherung für Ihr Alter vorsorgen oder in Aktien anlegen wollen: Fast die gesamte Palette der gängigen Finanzprodukte ist inzwischen auch »in Grün« erhältlich. In fast allen Sparten bemühen sich mehrere Anbieter um die Gunst der Anleger.

Am breitesten ist die Auswahl bei grünen Aktien und aktienbasierten Anlageformen wie Investmentfonds und Aktienzertifikaten. Auch das Angebot an Beteiligungsfonds, die meist der Finanzierung von Windkraftprojekten dienen, ist reichhaltig. Um Ihnen den Überblick zu erleichtern, finden Sie ab Seite 189 eine Aufstellung der wichtigsten Anbieter.

In Deutschland gibt es fünf nachhaltige Banken: die GLS Gemeinschaftsbank eG, die Umweltbank AG, die Ethikbank, die Steyler Bank und die Bank für Orden und Mission/vr bank Untertaunus eG. Auch in der Schweiz existieren mit der Freien Gemeinschaftsbank und der Alternativen Bank Schweiz zwei grüne Banken. In Österreich ist keine grüne Bank tätig, aber eine christlich-ethische mit dem Bankhaus Schelhammer & Schattera. Außerdem hat die Steyler Bank eine Niederlassung im österreichischen Mödling.

Im Unterschied zu konventionellen Geldhäusern konzentrieren sich die grünen Banken auf die Hereinnahme von Spareinlagen und die Vergabe von Krediten. Spekulative Papiere wie Optionsscheine und Termingeschäfte bieten sie nicht an.

Ansonsten ist das Angebotsspektrum nahezu komplett (siehe Tabelle 1, Seite 94). Die GLS Bank bietet ein Girokonto als Gehaltskonto für Privatpersonen an, und auch bei der Anlage größerer Vermögen ist man bei den grünen Banken sowie bei Anlage- und Stiftungsberatungen (zu Letzteren mehr ab Seite 174) gut aufgehoben.

Die grüne Angebotspalette

- Banken .... ✔
- Aktienfonds .... ✔
- Nachhaltigkeitsfonds .... ✔
- Renten- und Mischfonds .... ✔
- Aktienzertifikate .... ✔
- Außerbörsliche Aktien .... ✔
- Anleihen/Genussrechte .... ✔
- Geschlossene Fonds .... ✔
- Fonds-Lebensversicherungen .... ✔
- Kapital-Lebensversicherungen .... ✔
- Anlageberatung .... ✔
- Stiftungsberatung .... ✔

Die vier Kriterien der grünen Geldanlage

Worauf müssen Sie als Anleger achten? Klassischerweise werden drei Faktoren der Geldanlage genannt: Sicherheit, Rendite und Liquidität. Bei der grünen Geldanlage kommt ein vierter wesentlicher Aspekt hinzu: die Mittelverwendung (siehe Schaubild 1).

Die folgenden Abschnitte sind der Frage gewidmet, wie die verschiedenen grünen Geldanlagen unter diesen vier Gesichtspunkten zu beurteilen sind. Die für die Rendite wichtigen steuerlichen Fragen werden ab Seite 79 behandelt.

Schaubild 1: Die vier Kriterien der Geldanlage

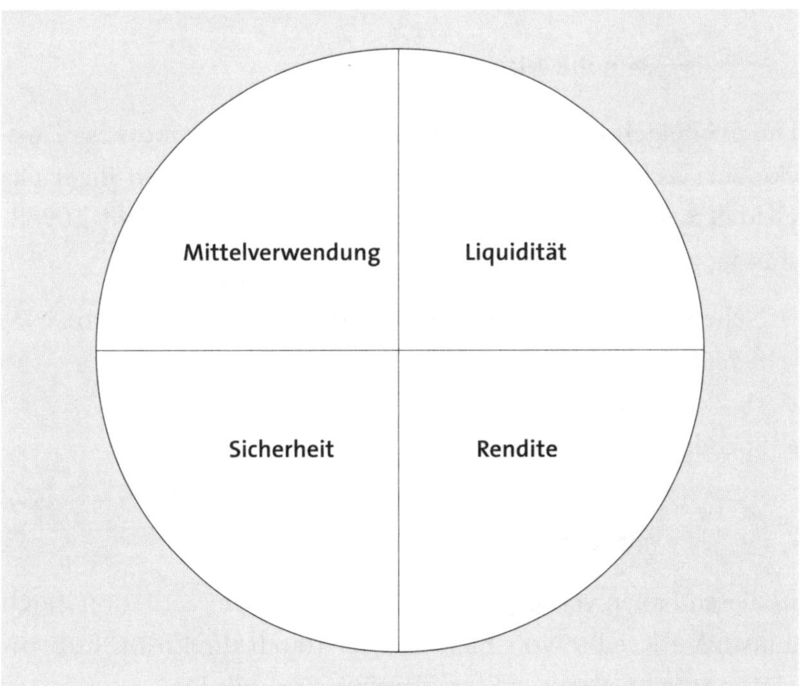

Ökologische Wirkungsklassen

Die ökologische Wirkung grüner Geldanlagen ist sehr unterschiedlich. Im besten Fall machen sie bestimmte gesellschaftliche Entwicklungen überhaupt erst möglich, oder sie verbessern die Kapitalsituation ökologisch orientierter Unternehmen. Oft ist die Wirkung jedoch eher symbolisch und indirekt.

Die Zuweisung einer Zahl von Bäumchen zwischen eins und drei, die den ökologischen Wirkungsgrad symbolisieren, gibt Ihnen einen ersten Anhaltspunkt für die ökologische Wirkung der jeweiligen Anlageformen. Die Einteilung in die drei Wirkungsklassen ist nur eine grobe Richtschnur, das heißt sie macht die Auseinandersetzung mit dem konkreten Angebot nicht überflüssig.

 = hohe Wirkung

Diese Anlageformen stellen Eigenkapital für ökologische Zwecke zur Verfügung. Nach Abzug der Vertriebskosten fließt das Geld dem jeweiligen Unternehmen beziehungsweise Projekt vollständig zu. Dies gilt für

- Neuemissionen von Aktien (börslich und außerbörslich),
- Beteiligungsfonds,
- Direktbeteiligungen und
- Spendenorganisationen.

 = mittlere Wirkung

In diesen Fällen verbessert sich die Finanzierungssituation durch günstigere Kredite von Banken oder durch direkt am Kapitalmarkt aufgenommenes Fremdkapital. Dies gilt für

- grüne Banken und
- Neuemissionen von festverzinslichen Wertpapieren.

Bei einigen grünen Banken kommt hinzu, dass sie durch innovative Finanzierungsinstrumente Projekte möglich machen, die bei konventionellen Banken keine Chance hätten.

= geringe Wirkung

Die Förderwirkung dieser Angebote ist eher indirekt und schwer zu quantifizieren. Bestenfalls ein kleiner Teil des vom Anleger eingezahlten Geldes fließt direkt in die zu fördernden Projekte oder Unternehmen. Eine Wirkung wird eher über eine allgemeine Sensibilisierung der Öffentlichkeit erreicht. Bei Aktien wirkt sich eine erhöhte Kaufbereitschaft positiv auf den Kurs aus, was unter Umständen künftige Neuemissionen erleichtert. Dies gilt für

- Investmentfonds,
- Aktienzertifikate,
- bereits im Umlauf befindliche Aktien und festverzinsliche Wertpapiere,
- Lebensversicherungen sowie
- Pensions- und Unterstützungskassen.

Lebensversicherungen sowie Pensions- und Unterstützungskassen sind in diese Wirkungsklasse eingeordnet, weil ihre Anlagepolitik in der Regel weitgehend auf festverzinsliche Wertpapiere, Aktien und Immobilien beschränkt ist.

Welche Laufzeit ist die richtige?

Wie lange wollen – und können – Sie Ihr Geld anlegen? Oder salopp formuliert: Wie leicht und wie schnell wollen Sie Ihre Anlage wieder zu Geld machen können? Für die Wahl der Anlageform ist die Frage, für welche Dauer Ihr Kapital gebunden sein soll, ein entscheidender Gesichtspunkt. Ihn zu vernachlässigen ist einer der Hauptfehler bei der Geldanlage.

Beispiel

- *Was nützt Ihnen ein hoher Festgeldzins, wenn Sie nach einer gewissen Zeit feststellen müssen, dass Sie Ihr Geld zu lange gebunden haben und Ihr Girokonto überziehen müssen?*
- *Rentiert sich der Kauf von Investmentfondsanteilen tatsächlich, wenn Sie einen Ausgabeaufschlag von 5 Prozent bezahlen müssen und Ihre Anteile schon nach einem Jahr wieder verkaufen wollen?*

Machen Sie sich deshalb zunächst klar, wie viel Geld Sie für welchen Zweck zurücklegen wollen. Suchen Sie dann die zu dem resultierenden Anlagezeitraum passende Anlageform.

Wenn Sie Ihr Geld kurzfristig, das heißt für maximal ein Jahr anlegen wollen, kommen die folgenden Anlageformen in Betracht:

- Tagesgeld- und Anlagekonten,
- Sparbuch,
- Festgeld.

Für die kurzfristige Geldanlage sollten Sie die Angebote der grünen Banken nutzen. Unter Umständen kommen auch festverzinsliche Wertpapiere mit einer kurzen Restlaufzeit in Frage.

Wollen Sie Ihr Geld für mehr als ein Jahr anlegen, rechnen aber damit, dass Sie es in spätestens vier Jahren wieder für andere Zwecke benötigen, so können Sie die folgenden Anlageformen in Erwägung ziehen:

- Sparbriefe,
- börsennotierte Aktien,
- Aktienzertifikate,
- festverzinsliche Wertpapiere.

Diese Anlagen eignen sich prinzipiell für Investoren mit einem mittleren Planungshorizont. Die meisten Sparbriefe sind mit einer Mindestlaufzeit von einem Jahr ausgestattet. Aber auch börsennotierte Papiere sollten Sie mindestens zwölf Monate lang halten. Speziell bei Aktien und Aktienzertifikaten empfiehlt sich eine noch längere Laufzeit, denn je länger Sie diese Papiere halten, desto größer ist Ihr zeitlicher Spielraum und desto geringer ist folglich das Risiko, im Zeitpunkt des Wiederverkaufs aufgrund von Kursverlusten einen Teil Ihres Kapitals zu verlieren.

Geeignete Anlageformen für langfristig orientierte Anleger, also für solche mit einem Planungshorizont von mehr als vier Jahren, sind

- Investmentfonds,
- börsennotierte Aktien,
- festverzinsliche Wertpapiere,
- außerbörsliche Aktien und
- Direktbeteiligungen.

Der Erwerb von Investmentfonds und nicht börsennotierten Aktien ist im Allgemeinen mit hohen Transaktionskosten verbunden. Beim Kauf von Investmentfonds wird in der Regel ein Ausgabeaufschlag von bis zu 5 Prozent oder mehr auf den Anteilspreis fällig. Beim Kauf und Verkauf außerbörslicher Aktien fallen Provisionen an; zudem ist in der Regel der Kaufkurs höher als der Verkaufskurs, da der Verkäufer eine Kursspanne, einen sogenannten Spread, vorsieht. Diese Transaktionskosten fallen umso geringer ins Gewicht, je länger Sie die entsprechenden Anlagen halten. Deshalb empfiehlt sich hier eine langfristige Anlage. Aus dem gleichen Grund sollten auch Direktbeteiligungen an Unternehmen für einen längeren Zeitraum angelegt werden.

Kommen wir nun zu den sehr langfristigen Anlageformen. Hierunter fallen

- Beteiligungsfonds,
- Lebensversicherungen sowie
- Anlagen bei Pensions- und Unterstützungskassen.

Lebensversicherungen haben als Instrument der Altersvorsorge per se eine sehr lange Laufzeit. Beteiligungen an Windkraftfonds sind meist auf 20 bis 25 Jahre angelegt. Ein vorzeitiger Ausstieg ist vor allem aus steuerlichen Gründen wenig ratsam.

Ein Maß für das Anlagerisiko

Wie sehr die Aussicht auf scheinbar mühelose Traumgewinne den Verstand vieler Anleger auszuschalten vermag, hat in der Vergangenheit beispielsweise der Aufstieg und Niedergang des Neuen Markts in Deutschland gezeigt. Zwar fanden die exorbitanten Kursgewinne und -verluste bei den meisten Anlegern nur auf dem Papier statt, doch es floss auch reales Geld zwischen den

Aktionären: Wer zum falschen Zeitpunkt eingestiegen war, zahlte die Zeche für diejenigen, die die Kursgewinne rechtzeitig realisieren konnten.

Aber nicht nur in Aktien stecken Risiken. Auch bei Investmentfonds, Aktienzertifikaten und Fonds-Lebensversicherungen ist es keineswegs sicher, dass Sie mindestens Ihr investiertes Geld zurückbekommen. Dies ist der Preis für die Chance, auch an Kursgewinnen partizipieren zu können. Je kurzfristiger Sie investieren und je weniger breit Sie Ihr Anlagekapital streuen, desto höher ist Ihr Verlustrisiko.

Auch für die im Folgenden vorgestellte Klassifizierung der Anlageformen nach ihrem Risikogehalt gilt: Die Einordnung ist nur eine grobe Orientierung und dient der Sensibilisierung für die vorhandenen Risiken. Sie ersetzt nicht die Beschäftigung mit den einzelnen Angeboten.

Beispiel

Festverzinsliche Wertpapiere gelten generell als risikoarm. Dennoch kann im Einzelfall, das heißt wenn die Bonität des Emittenten gering ist, ein solches Papier riskanter sein als eine einzelne Aktie.

= Geringes Risiko

Die folgenden Anlageformen sind in der Regel risikoarm:

- Einlagen bei grünen Banken,
- Kapital-Lebensversicherungen.

Banken und Lebensversicherungen unterliegen strikten staatlichen Kontrollen und Anlagevorschriften. Durch entsprechende

Rücksicherungseinrichtungen ist das Geld der Anleger zusätzlich geschützt, zum Teil in unterschiedlicher Höhe – Nachfragen sind hier sinnvoll. Die Einlagensicherungen der Volksbanken und Sparkassen bieten in Deutschland in der Regel den umfangreichsten Schutz. Diese Sicherung gilt allerdings nur für direkte (Spar-)Einlagen, nicht jedoch für von den Banken vermittelte Beteiligungs- und Investmentfonds.

= Erhöhtes Risiko

Die folgenden Anlageformen sind in der Regel mit einem erhöhten Risiko behaftet:

- Investmentfonds,
- Fonds-Lebensversicherungen.

Investmentfonds und Fonds-Lebensversicherungen bündeln börsennotierte Wertpapiere und gleichen dadurch extreme Kursschwankungen einzelner Werte aus. Die allgemeinen Wertschwankungen der Börse gehen aber auch an ihnen nicht vorbei. Vor allem auf kürzere und mittlere Sicht kann es Ihnen passieren, dass Sie das eingezahlte Kapital nicht in voller Höhe zurückerhalten, wenn Sie Ihre Fondsanteile verkaufen wollen oder müssen. Gleiches gilt für Fonds-Lebensversicherungen, die anders als Kapital-Lebensversicherungen keinen Kapitalerhalt und keine Mindestverzinsung garantieren.

= Hohes Risiko

Die folgenden Anlageformen sind in der Regel risikoreich:

- Aktienzertifikate,
- außerbörsliche Aktien,
- Beteiligungsfonds,
- börsennotierte Aktien,
- Genussscheine und Anleihen.

Auf die mit Aktien verbundenen Risiken ist bereits hingewiesen worden. Im grünen Kapitalmarkt sind viele Unternehmen mit guten Zukunftsaussichten und starkem Wachstum tätig. Erfahrungsgemäß sind gerade solche Unternehmen anfällig für Krisen, da die stürmische Unternehmensentwicklung erhebliche Anforderungen an Personalrekrutierung und Organisationsentwicklung, an Produktion, Qualitätsmanagement und – nicht zuletzt – an die Finanzierung des Unternehmenswachstums stellt.

Beteiligungsfonds etwa im Bereich regenerative Energien sind unternehmerische Beteiligungen, deren Ertragsprognosen auf einer Vielzahl von unsicheren Annahmen – etwa bezüglich der Entwicklung der Strompreise, der Windverhältnisse und des Instandhaltungsaufwands der Energieerzeugungsanlagen – beruhen. Dass sich diese Annahmen über einen Zeitraum von 20 Jahren als zutreffend erweisen werden, kann selbst bei gewissenhafter Planung nicht garantiert werden.

Ganz besonders hohe Risiken weisen außerbörsliche Aktien, sogenannte Private Placements, sowie die verschiedenen Formen von direkten Beteiligungen an Projekten und Unternehmen auf. Auch wenn es gute Gründe für die Anlage in solchen Werten gibt, sollten Sie

- die Angebote von außerbörslichen Aktien und Direktbeteiligungen besonders eingehend prüfen und am besten fachkundige Personen wie Steuer- oder Wirtschaftsprüfer hinzuziehen,

- die verschiedenen Warnlisten zu Rate ziehen (Näheres dazu siehe Seite 58 f.),
- sich nie durch Vermittler oder gar Telefonverkäufer unter Zeitdruck setzen lassen,
- grundsätzlich nur einen kleinen Teil Ihres Vermögens in solche Werte investieren.

Bei den in der Kategorie »hohes Risiko« aufgeführten Anlageformen ist im Extremfall der Totalverlust des eingesetzten Kapitals möglich. Diese Warnung sollten Sie ernst nehmen, auch wenn bisher auf dem grünen Kapitalmarkt nur wenige solche Fälle eingetreten sind. Sichern Sie sich also ab, indem Sie Ihr Anlagekapital breit streuen.

Welche Renditen können Sie erwarten?

Natürlich – es gibt atemberaubende grüne Erfolgsstorys. Wer 1997 die Aktie des amerikanischen Brennstoffzellen-Produzenten Ballard Power Systems gekauft und bis zum Sommer 2000 gehalten hatte, der erhielt beim Verkauf das 800-Fache seines Einsatzes zurück. Das Beispiel klingt verlockend, aber ist doch theoretisch, denn kaum ein Anleger dürfte genau zu den richtigen Zeitpunkten gekauft und verkauft haben.

In der Realität landen auch spekulativ veranlagte Anleger spätestens nach der ersten Börsenflaute wieder auf dem Boden der Tatsachen. Warum das so ist, lässt sich anhand der drei folgenden einfachen Grundsätze erklären:

- Die Börse ist keine Einbahnstraße. Wenn die Euphorie am größten ist, steht der nächste Kurssturz kurz bevor.

- Wer langfristig mit Aktien eine Rendite von 8 bis 10 Prozent erreicht, hat ein gutes Ergebnis erzielt.
- Höhere Gewinnchancen lassen sich nur durch höhere Risiken erkaufen.

Abgesehen von diesen grundsätzlichen Einschränkungen hat sich der grüne Aktienmarkt während der letzten Jahre sogar besser entwickelt als der konventionelle.

Beispiel

Der Natur-Aktien-Index (NAI), der als strenger Nachhaltigkeitsindex gilt, schnitt besser ab als breit diversifizierte Indizes wie der Dow Jones Sustainability (DJSI) oder der FTSE4Good. Er hat seit seiner Konzeption im Jahr 1997 um 450 Prozent und damit deutlich stärker zugelegt als die meisten vergleichbaren Indizes.

Investmentfonds gelingt es im Allgemeinen nur schwer, die gleiche Rendite wie vergleichbare Aktienindizes zu erzielen. Hier machen sich die hohen Kosten für Vertrieb und Management bemerkbar. Indexfonds sind unter Umständen eine bessere Alternative (mehr dazu ab Seite 60).

Wer ein ausreichend großes Vermögen besitzt, kann die einem bestimmten Index entsprechende Risikostreuung nachahmen, indem er die in dem Index vertretenen Aktien in den gleichen Proportionen kauft. Aufgrund der Mindestspesen beim Aktienkauf lohnt sich das, abgesehen vom Zeitaufwand, erst ab einem Anlagebetrag von deutlich mehr als 100 000 Euro.

Renditen in der Größenordnung von 6 bis 10 Prozent lassen sich auch mit Fonds aus dem Bereich nachhaltige Energien erzielen. Je nach der persönlichen steuerlichen Situation kann das

Ergebnis unterschiedlich ausfallen. Dies gilt auch für Lebensversicherungen, die sich vor allem dann lohnen, wenn Sie Ihre steuerlichen Möglichkeiten noch nicht ausgeschöpft haben. Dies ist am ehesten bei Selbstständigen der Fall. Die Rendite von Lebensversicherungen kann je nach Anbieter und zukünftiger Entwicklung bis zu 7 Prozent erreichen.

Die Verzinsung grüner Sparkonten, Sparbriefe und Festgelder liegt je nach Laufzeit und Anbieter zwischen 2 und 5 Prozent. Teilweise kommt eine gegenüber dem Marktniveau geringere Verzinsung den geförderten, oft gemeinnützigen Projekten in Form von günstigen Krediten zugute.

Die wichtigsten Informationsquellen

Mit dem Boom des grünen Kapitalmarkts ist auch das Medieninteresse gewachsen. Anleger können auf einige spezialisierte Informationsquellen zurückgreifen. Im Bereich der Printmedien ist vor allem der Börsenbrief *Öko-Invest* zu nennen. Er informiert alle zwei Wochen über aktuelle Entwicklungen auf dem ökologischen Kapitalmarkt, führt ein grünes Musterdepot und veröffentlicht wichtige Termine. Auch das Magazin *Öko-Test* sowie die Zeitschrift *Finanztest* der Stiftung Warentest nehmen regelmäßig grüne Anlageangebote unter die Lupe.

Neben den Printmedien gibt es eine Reihe von nützlichen Websites, allen voran das Internetportal www.ECOreporter.de. Hier steht umfangreiches, journalistisch gut aufbereitetes Material für Sie bereit, teilweise kostenlos, teilweise auch exklusiv und nur für Abonnenten. Das Portal publiziert unter anderem

Informationsquellen im Überblick

Printmedien	
■ *Öko-Invest.* Zweiwöchentlicher Börsendienst	Tel. 0231/477 359-60 www.oeko-invest.de
■ *Öko-Test.* Monatszeitschrift	Tel. 069/9 77 77-0 www.oekotest.de
■ *Finanztest.* Monatsmagazin der Stiftung Warentest	Tel. 0 18 05/00 24 67 www.test.de/abo/finanztest/
Websites	
■ **www.ecoreporter.de**. Portal mit journalistischen Informationen über grüne Geldanlagen, Nachrichten, Berichte, Analysen, Diskussionsforum, Videos, E-Mail-Newsletter	
■ **www.oeko-invest.de**. Meldungen und Analysen zu grünen Kapitalanlagen, Berichte aus dem Öko-Invest-Börsenbrief, Natur-Aktien-Index	
■ **www.kritischeaktionaere.de**. Dachverband der Kritischen Aktionärinnen und Aktionäre	
Kundenzeitschriften	
■ *Moneta.* Alternative Bank Schweiz	Tel. (0041)62/20 61 616 www.abs.ch
■ *Bankspiegel.* GLS Gemeinschaftsbank eG	Tel. 0234/57 97-100 www.gls.de l.

die aktuellen Kurse grüner Aktien und gibt einen kostenlosen E-Mail-Newsletter zur grünen Geldanlage heraus. Außerdem finden Sie auf dem Portal das Pdf-Magazin *Fonds & Zertifikate*. Das gedruckte *ECOreporter.de-Magazin* geht dreimal im Jahr an rund 21 000 Abonnenten. Wenn Sie sich nachhaltig mit grünen Geldanlagen beschäftigen, lohnt sich der Bezug.

Einige Anbieter geben Kundenzeitschriften heraus, die neben Informationen über die eigenen Angebote auch interessante redaktionelle Beiträge enthalten. Hier sind vor allem die *Moneta* und der *Bankspiegel* zu nennen.

Die Übersicht auf Seite 57 fasst die wichtigsten Informationsquellen und die entsprechenden Kontaktdaten zusammen.

Wie Sie dubiose Angebote erkennen

Schwarze Schafe gibt es überall. Deshalb ist auch bei grünen Geldanlagen ein gesundes Maß an Vorsicht geboten.

Beispiel

Die WABAG Wirtschaftsanalyse und Beratung AG war im Bau von Recyclinganlagen und Kraftwerken in strukturschwachen Gebieten in Ostdeutschland tätig. Sie hatte 35 000 bis 40 000 Anleger um sich geschart, die ihr Gelder anvertraut hatten, als die Staatsanwaltschaft München im Januar 2000 ihre Geschäftsräume in Oberhaching sowie bundesweit 74 weitere Objekte durchsuchen ließ. Der Verdacht: Über fingierte Provisions- und Beraterverträge seien mindestens 100 Millionen Euro veruntreut worden. Die Gelder, so die Staatsanwaltschaft, seien »nur in einem sehr geringen Umfang« bei den Projekten angekommen.

Inzwischen gibt es eine Reihe von Möglichkeiten, sich über potenzielle Gefahren und dubiose Angebote zu informieren. Unter www.ECOreporter.de finden Sie in der Rubrik »Wachhund« Informationen über Unternehmen, mit denen sich Anleger Bauchschmerzen einhandeln können.

Die Stiftung Warentest veröffentlicht auf ihrer Website www.test.de in der Rubrik »Geldanlage + Banken«, Abschnitt »Infodokumente« eine Warnliste zu Geldanlageangeboten, die Sie für 2,50 Euro heruntergeladen können. Diese 13 Seiten umfassende Warnliste wird laufend aktualisiert.

Eine weitere Hilfe sind Checklisten, wie sie zum Beispiel die Verbraucherzentrale Nordrhein-Westfalen in Kooperation mit dem Landeskriminalamt anbietet. Deren »Checkliste für Sparer und Kapitalanleger« finden Sie auf www.vz-nrw.de in der Rubrik »Finanzen« im Abschnitt »Geldanlage«. Diese Liste umfasst konkrete Fragen, mit deren Hilfe Sie erste Anhaltspunkte zur Einschätzung der Seriosität von Angeboten sammeln können, zum Beispiel die folgenden:

- Wie wurde der erste Kontakt hergestellt?
- Wie hoch ist die versprochene Rendite?
- Wer ist der Anbieter?
- Wo ist der Geschäftssitz des Anbieters?
- Werden Sie unter Zeitdruck gesetzt?
- Wo liegt das Investitionsobjekt?
- Wer ist der Treuhänder?
- Was prüft der Notar?
- Wie sieht die Investitionsrechnung aus?
- Denken Sie etwa an eine »Schwarzgeld-Anlage«?

Selbstverständlich gibt die Liste auch Auskünfte zu wünschenswerten beziehungsweise alarmierenden Antworten auf diese Fragen. Generell ist es ratsam, umfassende Informationen, Prospekte und Prospektgutachten anzufordern und sich vor Vertragsabschluss von Fachleuten, zum Beispiel Steuerberatern oder Wirtschaftsprüfern, beraten zu lassen.

Die wichtigsten Werte: Grüne Aktienindizes und Indexfonds

Der wichtigste Aktienindex in Deutschland ist der in den Wirtschaftsnachrichten täglich genannte DAX, der Deutsche Aktienindex. Grundlegend für die Definition eines Aktienindex ist die Auswahl der Aktien, die in ihm enthalten sein sollen. Der DAX fasst die Kursentwicklung der 30 größten deutschen Aktiengesellschaften zusammen. Er ist der Leitindex für den deutschen Aktienmarkt. Aber auch das »grüne« Aktienmarktsegment wird mittlerweile durch etliche Indizes repräsentiert. Neben den oben bereits erwähnten Dow-Jones-Sustainability-Indizes (DJSI; siehe Seite 39 f.) werden im Folgenden vier weitere Indizes vorgestellt.

Natur-Aktien-Index

Im Jahr 1997 legte der österreichische Öko-Invest-Verlag zusammen mit der Zeitschrift *Natur* einen konsequent umweltorientierten Index auf: den Natur-Aktien-Index (NAI). Der NAI ist als reiner Kursindex konzipiert. Das bedeutet, dass im Gegensatz zu den sogenannten Performanceindizes bei seiner Berechnung die zwischenzeitlich ausgezahlten Dividenden nicht berücksichtigt werden.

Ungeachtet dessen, dass der Natur-Aktien-Index im deutschsprachigen Raum entstanden ist, enthält er 30 internationale Umweltaktien von ökologisch orientierten Unternehmen aus zwölf Ländern. Produktions- und Absatzprozesse sollen nicht nur technisch nachhaltig, sondern auch sozial nachhaltig organisiert sein.

Die Zusammensetzung des NAI unterliegt auch einer Reihe von Ausschlusskriterien. Zu diesen zählen etwa Atomenergie, Waffenproduktion, Diskriminierung von Frauen, von sozialen oder ethnischen Minderheiten, Kinderarbeit, Tierversuche, Gentechnik in der Lebensmittelproduktion und die Erzeugung von ausgesprochen umwelt- oder gesundheitsschädlichen Produkten.

Die Macher des NAI haben weiterhin festgelegt, dass drei Viertel der im Index vertretenen Unternehmen einen Jahresumsatz von jeweils mehr als 100 Millionen Dollar vorweisen müssen. Daneben werden kleinere Unternehmen in den Index genommen, die die Entwicklung ökologisch innovativer Produkte betreiben.

Aufgrund dieser besonderen Zusammensetzung und der geringen Zahl der Unternehmen kann der Index nur begrenzt Aufschluss über die Gesamtverfassung des grünen Aktienmarkts geben. Von dieser Schwäche abgesehen ist der NAI eine hilfreiche Orientierung in der stürmischen Entwicklung des grünen Aktienmarkts.

Domini-Social-Index

Da in den USA eine lange Tradition ethischen Investments herrscht, verwundert es nicht, dass auch dort eine Reihe von Indizes berechnet werden, die Aktiengesellschaften nach ökologisch-sozialen Kriterien umfassen.

Beim Domini-Social-Index beruht die Auswahl auf dem konventionellen Aktienindex von Standard & Poor's 500 (S & P 500): Der Domini-Social-Index enthält die 400 größten US-Unternehmen, die für einen ökologisch-sozial investierenden Anleger infrage kommen. Nicht aufgenommen werden Firmen der Tabak-, Alkohol- und Glücksspielindustrie und Firmen, die ihr Geld mit Rüstung oder Kernenergie verdienen.

Der Index konnte in seiner Wertentwicklung seine sogenannte Benchmark, das heißt den Vergleichsindex S & P 500, zeitweise deutlich übertreffen.

Photon-Photovoltaik-Aktien-Index

Von den Zeitschriften *Photon* und *Öko-Invest* wurde im Jahr 2001 der Solaraktienindex Photon-Photovoltaik-Aktien-Index (PPVX) initiiert. Er umfasst die weltweit 30 größten Solaraktien, das heißt Aktien von Unternehmen, die mindestens 50 Prozent ihres Umsatzes mit Solarenergie erzielen. Anfang 2008 waren diese Unternehmen zusammen mehr als 80 Milliarden Euro wert.

Indexfonds

Erfolgreiche Indizes animieren zur Auflage von Indexfonds. Diese Fonds bilden mit ihrem Fondsvermögen den zugrunde liegenden Index nach. Weil der Aufwand für Marktbeobachtung und Umschichtungen geringer ist als bei aktiv gemanagten Fonds – das heißt solchen, deren Manager die Aktienauswahl aufgrund von eigenen Analysen treffen –, fallen bei Indexfonds in der Regel geringere Kosten in Form von Ausgabeaufschlägen oder jährlichen Verwaltungsgebühren an.

Die hohen Kosten für das Management sind ein wesentlicher Grund dafür, dass die meisten konventionellen Investmentfonds sogar hinter der Wertentwicklung der vergleichbaren Aktienindizes bleiben. Dies macht Indexfonds attraktiv.

Beispiel

Im September 2000 brachte die Fondsgesellschaft Green Effects Investment einen Indexfonds auf den Markt, der ausschließlich in Werte des NAI investiert: den Fonds GreenEffects. Der NAI hat sich seitdem deutlich besser entwickelt als die meisten konventionellen Indizes.

Im Vergleich mit einzelnen Aktien bieten Indexfonds – ebenso wie Investmentfonds im Allgemeinen – eine bessere Risikostreuung und unterliegen deshalb auch geringeren Kursschwankungen. Indexfonds sind auch für Anleger sehr gut geeignet, die sich nicht im Detail mit den einzelnen Aktienwerten beschäftigen wollen.

Innovative Anlageformen: Zwei Beispiele

ForestFinance: Direktinvestments in einen nachwachsenden Rohstoff

Geldanlagen in Holz sind en vogue. Weltweit sind große Investorengruppen wie Pensionsfonds und Banken auf der Suche nach Wald. Nicht ohne Grund: Investments in Wald bieten eine gute Kombination aus Sicherheit und Rendite. Wie die Berliner *taz* schreibt, hat der Stiftungsfonds der Universität Harvard, mit knapp 26 Milliarden US-Dollar das größte Stiftungsportfolio aller US-Hochschulen, mehr als 10 Prozent seines Vermögens in Forstflächen investiert. Tatsächlich lässt sich das Wachstum von Holz nicht von Börsenkursen und Konjunkturschwankungen beirren. Insofern können Holzinvestments nach den Börsenerfahrungen der letzten zehn Jahre eine attraktive Beimischung im Depot sein. Zudem bieten sie Anlegern die Möglichkeit, einen persönlichen Beitrag gegen die weltweit voranschreitende Entwaldung und für die Reduktion von Treibhausgasen zu leisten. Durch die Photosynthese, eine Stoffwechselreaktion bei Pflanzen, wirken Wälder der Erderwärmung entgegen, indem sie mithilfe von Lichteinfall Kohlendioxid und Wasser zu Sauerstoff und Glukose umwandeln.

Laut dem Bonner Unternehmen Forest Finance Service GmbH schlägt der Wald auf lange Sicht sogar die Aktie: Im Lauf der letzten 40 Jahre habe ein Holz-/Waldinvestment um fast 20 Prozent besser abgeschnitten als der Aktienindex Standard & Poor's 500.

Nach Angaben der UN-Welternährungsorganisation FAO hat sich der Weltholzverbrauch seit 1960 mehr als verdreifacht. Angebot und Nachfrage klaffen immer weiter auseinander. Die Nachfrage wird vor allem auf Kosten der natürlichen Wälder – insbesondere der tropischen Wälder – befriedigt. Doch die Ressource Regenwald ist endlich und wird immer knapper. Nutzholzforste werden an Bedeutung gewinnen – als ökologische Energiequellen, als Holzlieferanten, als Genpool für Pflanzen und Tiere sowie als Schutzgebiet für Wasser und Luft. Damit werden sie auch an kommerziellem Wert gewinnen.

Forest Finance setzt sich für ökologisch-nachhaltige Forstwirtschaft ein und bietet Direktbeteiligungen an zertifizierten Wäldern im mittelamerikanischen Panama an. Nicht nur das Holz wird verkauft, sondern auch Samen und CO_2-Zertifikate.

Für die Ein-Hektar-Beteiligung namens WoodStockInvest prognostiziert Forest Finance bis zu 11 Prozent Rendite pro Jahr bei 25-jähriger Laufzeit.

Produkte wie das WaldSparBuch und der BaumSparVertrag ermöglichen das direkte Investment in Wald selbst bei kleinen und mittleren Anlagesummen.

So können WaldSparer einmalig 2 400 Euro (oder zwölf Mal 240 Euro) investieren und dafür Wald- und Grundbesitzer in einem von Forest Finance ökologisch-nachhaltig bewirtschafteten Waldstück werden. Das WaldSparBuch setzt sich aus zwei Verträgen zusammen: einem Grundstückspachtvertrag über 1000 m^2 Landfläche und einem Forstdienstleistungsvertrag, mit dem der WaldSparer Forest Finance beauftragt, diese Fläche nach Maßgabe der Zertifizierungskriterien des Forstpartners Futuro Forestal aufzuforsten. Der Rückkaufswert ist nach Anlagejahren gestaffelt, und das Unternehmen stellt einen prognostizierten Verkaufsertrag nach 25 Jahren in Aussicht.

Der BaumSparVertrag ermöglicht die Anlage von noch kleineren Summen ab 30 Euro monatlich.

Kontaktdaten

- Forest Finance GmbH, Eifelstr. 20, 53119 Bonn, www.forestfinance.de, Telefon 0228/94 37 78-0, E-Mail: info@forestfinance.de

FairPla.net – Genossenschaft für Klima, Energie und Entwicklung

Klimaschutz muss international und gerecht gestaltet werden – so lautet eine der wichtigsten Forderungen der Klimaexperten.

Die Industriestaaten müssen ihre eigenen CO_2-Emissionen reduzieren und zugleich die benachteiligten Regionen der Erde finanziell und technologisch im Interesse eines klimaschonenden Wachstums unterstützen.

Dieses doppelte Klimaschutzprinzip setzt die internationale Genossenschaft fairPla.net auf bürgerschaftlicher Ebene um. Sie investiert in erneuerbare Energie- und Energieeffizienzprojekte – parallel in Deutschland und in den sogenannten Entwicklungs- und Schwellenländern. Damit schafft sie einen dreifachen Nutzen. Sie unterstützt

- eine umweltfreundliche Energiewirtschaft im industrialisierten Norden,
- die Armutsbekämpfung und Entwicklungsförderung im benachteiligten Süden und Osten der Erde,
- den gemeinschaftlichen globalen Klima- und Umweltschutz.

FairPla.net wurde 2006 auf Initiative des S.N.O.W Projektbüros e.V. von mehreren Energie- und Entwicklungsfachleuten aus dem Bundesgebiet und dem Ausland gegründet. Inzwischen sind über 600 Mitglieder aus neun Nationen und vier Kontinenten mit einem oder mehreren Genossenschaftsanteilen zu je 250 Euro beteiligt.

In Deutschland hat fairPla.net bislang zwei Photovoltaikanlagen ans Netz gebracht, weitere sind in Planung oder im Bau; zudem ist die Genossenschaft an einer größeren Anlage der GLS Bank beteiligt.

15 Prozent des Kapitals werden in benachteiligten Regionen investiert, zum Beispiel in ein 75-kW-Biomasse-Kraftwerk in Bihar, einem der ärmsten Distrikte Indiens und zugleich Klima-

Krisenregion. Das Kraftwerk führte zur Ansiedlung von ländlichen Mikroindustriebetrieben mit etwa 50 Arbeitsplätzen.

Für fairPla.net-Mitglieder soll – nach einer Anlaufzeit von etwa drei Jahren – eine Dividende von langfristig 2 bis 3 Prozent erwirtschaftet werden.

Kontaktdaten

- fairPla.net eG, Hüfferstraße 16, 48149 Münster, Telefon 0251/91 91 983, info@fairpla.net, www.fairpla.net

Stiftungen: Eine moderne Form der Vermögenssicherung

Angesichts der immensen ökologischen und sozialen Herausforderungen und knapper öffentlicher Mittel übernehmen privat initiierte Stiftungen zunehmend gesellschaftliche Verantwortung. Im Jahr 2007 wurden in Deutschland 1134 neue Stiftungen ins Leben gerufen.

Stiftungen sind eine Möglichkeit, Kapital in sinnvolles Handeln umzuwandeln, ohne dass sich das zugrunde liegende Vermögen erschöpft. Das Ziel der Stiftung wird durch den Stifter bestimmt und aus den Erträgen der Stiftung realisiert. Zu prüfen ist aber, ob das verfügbare Kapital ausreicht, um die Erreichung des Stiftungszwecks effektiv zu betreiben.

Wer zu der Vielzahl von Stiftungen nicht noch eine weitere hinzufügen will oder eher wenig Kapital einzubringen vermag, kann sich auch als Zustifter engagieren, indem er eine bestehende Stiftung mit einer Spende unterstützt. Überdies kommen bei kleineren Beträgen Schenkungen in den gemeinnützigen Bereich infrage.

Stiftungen können auf der Basis eines Erbes oder auch schon zu Lebzeiten gegründet werden. Für viele Menschen, die sich für Letzteres entschieden haben, hat sich die aktive Teilnahme an der Stiftungsarbeit als große Bereicherung erwiesen. Auch wenn der Stifter oder die Stifterin die Stiftungsarbeit ganz oder teilweise delegiert, kann er/sie so miterleben, was das eigene Geld bewirkt, und Einfluss auf die Entwicklung der Stiftung nehmen.

Die Gründung einer Stiftung zu Lebzeiten bringt, ebenso wie die Unterstützung einer bestehenden Stiftung, erhebliche Steuervorteile mit sich. Seit dem Inkrafttreten des Gesetzes zur weiteren Stärkung des bürgerschaftlichen Engagements am 1. Januar 2007 können Sie unter anderem Spenden in den Vermögensstock einer gemeinnützigen Stiftung im Jahr der Zuwendung und in den darauffolgenden neun Jahren bis zu einem Gesamtbetrag von 1 Million Euro als Sonderausgaben von Ihrem zu versteuernden Einkommen abziehen.

Diese Regelung gilt zusätzlich zu sonstigen abzugsfähigen Zuwendungen an gemeinnützige Organisationen (vgl. Seite 84). So können Sie bei der Gründung oder Unterstützung einer Stiftung je nach Einkommen bis zu etwa 50 Prozent der aufgewandten Mittel vom Finanzamt zurückbekommen.

Sie sollten allerdings erst über die Gründung einer Stiftung nachdenken, wenn Sie Ihre Altersvorsorge gesichert haben. Kurz gesagt: Sie müssen das Geld tatsächlich übrig haben. Denn das Stiftungskapital steht für eine persönliche Verwendung nicht mehr zur Verfügung.

Adressen von Vermögens- und Stiftungsberatungen finden Sie auf den Seiten 176f. und 179.

Weitere Informationen

- Bundesverband Deutscher Stiftungen, Telefon 030/89 79 47-0, www.stiftungen.org
- GLS Treuhand e.V., Telefon 0234/57 97-123

So kaufen Sie börsennotierte grüne Wertpapiere

Die meisten der in diesem Buch vorgestellten Aktien werden an einer der deutschen Börsen gehandelt. Dies gilt auch für ausländische (vor allem US-)Aktien. Direktkäufe an amerikanischen Börsen lohnen sich in der Regel erst bei größeren Summen.

Die meisten börsennotierten Wertpapiere sind depotpflichtig. Ein Depot können Sie bei einer Bank oder einem Direkt-Broker einrichten. Beachten Sie, dass nicht nur die jährlichen Depotgebühren je nach Anbieter unterschiedlich hoch ausfallen, sondern auch die bei jedem Kauf oder Verkauf anfallenden Gebühren.

Allerdings sind gerade für Aktienneulinge die Hinweise kompetenter Wertpapierberater wichtig. Deshalb sollten Sie vor allem dann, wenn Sie sich zu den Neulingen zählen, für Ihre Entscheidung bezüglich der Depotbank nicht nur die Höhe der Gebühren heranziehen, sondern auch das jeweilige Beratungsangebot prüfen. Ideal sind Bankinstitute und Sparkassen, bei denen Sie jederzeit frei entscheiden können, ob Sie einen Kauf oder Verkauf mit Unterstützung des Beraters oder kostengünstiger in Eigenregie durchführen.

Um vor unliebsamen Überraschungen gefeit zu sein, sollten Sie Ihre Kauf- und Verkaufsaufträge bei Aktien grundsätzlich limitieren, vor allem wenn es sich nicht um Standardwerte handelt. Nähere Hinweise dazu finden Sie auf Seite 150 f.

3

Die maßgeschneiderte Geldanlage

Wenn Sie Geld anlegen wollen, müssen Sie sich zunächst Klarheit über Ihre Anlageziele verschaffen. Wofür wollen Sie Geld zurücklegen? Das Spektrum der möglichen Anlageziele ist breit: der geplante Hauskauf, größere Anschaffungen, die Ausbildung der Kinder, die Altersvorsorge. Entsprechend unterschiedlich sind die Kriterien Ihrer Anlageentscheidung.

Die Anlageziele geben den Rahmen vor

Ihre Altersvorsorge können Sie sehr langfristig disponieren und Ihr Kapital über viele Jahre binden. Wollen Sie in diesem Rahmen Ihr Geld beispielsweise in Aktien anlegen, so spielen zwischenzeitliche Kurshochs und -tiefs keine entscheidende Rolle. Auch der beim Kauf von Investmentfonds fällige Ausgabeaufschlag fällt, auf viele Jahre verteilt, kaum ins Gewicht.

Ganz anders, wenn Sie über einen Zeitraum von zwei oder drei Jahren Geld für größere Anschaffungen zurücklegen. Dann sind Aktien aufgrund ihrer Schwankungsanfälligkeit und Investmentfonds aus Kostengründen weniger zu empfehlen.

Planen Sie den Kauf einer Wohnung oder eines Hauses, ist der

Zeitpunkt, zu dem Sie Ihr Geld wieder flüssig haben müssen, im Vorhinein kaum abzusehen. Hier ist es wichtig, sich für Anlageformen zu entscheiden, die Sie zum entscheidenden Zeitpunkt ohne große Kursrisiken und Kosten liquidieren, also wieder zu Geld machen können.

Zehn Tipps zum Vermögensaufbau

Ein Buch kann keine persönliche Anlage- oder Vermögensberatung ersetzen. Aber auch auf grüne Angebote treffen die meisten Grundsätze zu, die sich für die Geldanlage im Allgemeinen bewährt haben. Folgende Hinweise sollten Sie deshalb beachten:

1. Überlegen Sie, wofür Sie sparen: für bestimmte Anschaffungen, den Haus- oder Wohnungskauf, die Kinder, die zusätzliche Rente?
2. Überziehungskredite sind teuer. Legen Sie Ihr Geld so an, dass Ihr Girokonto nicht in den roten Bereich gerät.
3. Eine Faustregel für die Geldanlage: mindestens drei Monatseinkommen schnell verfügbar auf einem Sparkonto, als Tages- oder Festgeld; den Rest des Anlagebudgets nach Maßgabe der persönlichen Anlageziele auf mittel- und langfristige Anlagen verteilen.
4. Schätzen Sie realistisch ein, wie viel finanzielles Risiko Sie tragen können. Überschreiten Sie dieses für Sie akzeptable Verlustrisiko auch dann nicht, wenn im Gegenzug eine höhere Rendite winkt.
5. Vor allem bei kleineren Vermögen gilt: Legen Sie nur einen begrenzten Teil in Anlageformen mit hohem Risiko (drei Blitze)

wie Aktien oder Fonds an. Streuen Sie diesen Betrag möglichst auf mehrere Einzelwerte beziehungsweise Anbieter.

6. Je länger Sie Aktien halten, desto weniger wird der Wert Ihres Aktiendepots durch kurzfristige Kursschwankungen gefährdet. Über wiederkehrende Käufe und Verkäufe freuen sich vor allem das Finanzamt (realisierte Wertzuwächse unterliegen der Einkommensteuer) und die Banken (sie vereinnahmen für jede Transaktion Gebühren).
7. Außerbörsliche Aktien, sogenannte Private Placements, sowie direkte Beteiligungen an Projekten und Unternehmen weisen in vielen Fällen besonders hohe Risiken auf.
8. Windkraft- und Beteiligungsfonds sind aus steuerlichen Gründen ideal für 50- bis 60-Jährige. Bedenken Sie, dass diese Fonds in der Regel in den ersten Jahren nur wenig ausschütten und ein Ausstieg vor dem Ende der Laufzeit wenig sinnvoll ist.
9. Auch im grünen Kapitalmarkt gibt es schwarze Schafe. Prüfen Sie alle Angebote, vor allem Beteiligungsfonds, nicht an der Börse notierte Aktien und Direktbeteiligungen, und ziehen Sie dazu sachverständige Personen hinzu.
10. Weder aufwendige Prospekte noch repräsentative Büroräume sind eine Gewähr für die Seriosität eines Anbieters. Besondere Vorsicht gilt bei telefonischen Erstkontakten, hohen Gewinnversprechen und Angeboten, bei denen Sie Ihr Gesprächspartner unter Zeitdruck setzt.

Vier Musterportfolios und ein Tipp für Einsteiger

Was zeichnet einen guten Anlageberater aus? Dass er Ihre und nicht seine eigenen Interessen im Sinn hat.

Nehmen wir an, Sie möchten 10000 Euro anlegen. Wenn Ihnen Ihr Anlageberater daraufhin ohne weitere Rückfragen ein Angebot unterbreitet, gibt es zwei Möglichkeiten: Entweder er kennt Sie und Ihre finanzielle Situation bereits sehr genau – oder Sie haben es mit einem Verkäufer statt mit einem Berater zu tun.

Um zu illustrieren, wie unterschiedlich die Anlageempfehlungen je nach der individuellen Situation ausfallen können – und sollten –, werden im Folgenden vier Musterportfolios mit einem anfänglichen Wert von jeweils 10000 Euro vorgestellt. Auch sie sind noch sehr schematisch, geben Ihnen aber zumindest Anhaltspunkte für Ihre Anlageentscheidungen.

Musterportfolio 1: Kurzfristig und sicher anlegen

Nehmen wir an, Sie brauchen Ihr Geld relativ rasch zurück oder wollen Ihre Liquiditätsreserve (Faustregel: drei Monatseinkommen) anlegen. In dieser Situation bietet sich beispielsweise die folgende Anlage an:

Betrag	Anlageform	Zu erwartende Rendite	Risikograd
5000 €	Tagesgeld		
5000 €	Sparbuch		

Angebote entsprechend diesem Musterportfolio finden Sie ab Seite 88. Alternativ zum Sparbuch kommt auch ein festverzinsliches Wertpapier mit kurzer Restlaufzeit infrage.

Musterportfolio 2: Langfristig und sicher anlegen

Gehen wir nun davon aus, dass Sie Ihr Geld langfristig anlegen wollen. In diesem Fall steht die Sicherheit an erster Stelle, aber die Rendite sollte nicht zu niedrig sein. Eine mögliche Anlageempfehlung lautet in dieser Ausgangssituation:

Betrag	Anlageform	Zu erwartende Rendite	Risikograd
5000 €	festverzinsliche Wertpapiere		
5000 €	Investmentfonds		

Entsprechende Angebote finden Sie ab Seite 96.

Musterportfolio 3: Langfristig und ertragreich anlegen

Wiederum wollen Sie Ihr Geld langfristig anlegen. Sie können allerdings, andern als im gerade geschilderten zweiten Fall, ein gewisses Risiko eingehen. Zugleich wollen Sie eine Wirkung mit Ihrer Geldanlage erzielen. Nun bietet sich beispielsweise die folgende Aufteilung Ihres Anlagevermögens an:

Betrag	Anlageform	Zu erwartende Rendite	Risikograd
2000 €	Genossenschaftsanteile oder Aktien bei einer grünen Bank		
8000 €	Investmentfonds		

Entsprechende Angebote finden Sie ab Seite 88 und Seite 96.

Musterportfolio 4: Mittelfristig und renditeorientiert anlegen

Für die Konstruktion des vierten Musterportfolios gehen wir davon aus, dass Sie Ihr Geld für ein bis vier Jahre anlegen wollen, höhere Erträge anstreben und bereit sind, ein gewisses Risiko einzugehen, zum Beispiel weil Sie bereits andere Rücklagen gebildet haben. Das in diesem Rahmen passende Portfolio könnte folgendermaßen zusammengesetzt sein:

Betrag	Anlageform	Zu erwartende Rendite	Risikograd
4 000 €	Indexfonds		
6 000 €	Aktienzertifikate oder börsennotierte Aktien		

Informationen zu Indexfonds finden Sie auf Seite 62 f., zu Aktienzertifikaten ab Seite 137, grüne und nachhaltige Aktien im Überblick ab Seite 189. Streuen Sie den Aktienanteil auf mindestens drei Werte.

Tipp für Einsteiger: 2000 Euro zum Ausprobieren

Wenn Sie grüne Geldanlagen erst einmal ausprobieren und einen kleineren Betrag investieren oder den Grundstein für das Sparkonto Ihrer Kinder und Enkelkinder legen möchten, sehen Sie dazu ein kleineres Budget von beispielsweise 2 000 Euro oder 2 000 Schweizer Franken vor. Dieses könnten Sie zum Beispiel folgendermaßen verwenden:

Betrag	Anlageform	Zu erwartende Rendite	Risikograd
500 €	Genossenschafts-anteile bei der GLS Gemeinschafts-bank eG		
1500 €	Sparkonto bei der GLS Gemeinschafts-bank eG		

Wenn Sie eine Anlage in der Schweiz vorziehen, ergibt sich das folgende mögliche Muster:

Betrag	Anlageform	Zu erwartende Rendite	Risikograd
500 CHF	Aktie bei der Alternativen Bank Schweiz		
1500 CHF	Sparkonto bei der Alternativen Bank Schweiz		

Warum diese Empfehlungen? Die GLS Gemeinschaftsbank eG und die Alternative Bank Schweiz sind echte Pioniere grüner Geldanlagen. Deshalb werden die Genossenschaftsanteile beziehungsweise die Aktien in diesen beiden Portfolios in die höchste Wirkungsklasse eingestuft.

Beide Banken bringen Ihnen eine Vielzahl von interessanten Projekten nahe und informieren Sie über weitere Angebote. Die Kundenzeitschriften *Bankspiegel* und *Moneta* sind nach meiner Einschätzung das Beste, was es im grünen Kapitalmarkt gibt.

Ihre Altersvorsorge: Welche Angebote sind wann sinnvoll?

Um Ihren Lebensstandard im Alter zu sichern, wird in Zukunft die gesetzliche Rentenversicherung nicht mehr ausreichen. Nur durch zusätzliche private Altersvorsorge können Sie Ihre Rentenlücke schließen. Je früher Sie damit beginnen, desto geringere monatliche Beträge reichen aus.

Lebens- oder Rentenversicherungen bieten gegenüber anderen Anlagen zur Altersvorsorge den Vorteil, dass die Renten lebenslang an die versicherte Person gezahlt werden, während Zahlungen beispielsweise aus Depotvermögen versiegen, sobald das Guthaben verbraucht ist. Kapital-Lebensversicherungen umfassen neben der späteren Vorsorgeleistung auch einen Todesfallschutz. Sie eignen sich vor allem dann, wenn Ihre Familie mit abgesichert werden soll.

Neben den klassischen Lebens- und Rentenversicherungen, die eine gesetzlich festgelegte Garantieverzinsung von derzeit 2,25 Prozent pro Jahr bieten, gewinnen fondsgebundene Rentenversicherungen an Bedeutung, weil sie die Chancen der Wertpapieranlage mit den Vorteilen einer Versicherung kombinieren. Von Vorteil ist auch, dass Kursgewinne innerhalb der Versicherung steuerfrei bleiben.

Daneben gibt es die Förder-Rente (»Riester-Rente«), die Basis-Rente (»Rürup-Rente«) und die verschiedenen Wege der betrieblichen Altersversorgung wie beispielsweise die Direktversicherung. Hier gilt es, die möglichen Zusatzeffekte aus den steuerlichen Vorteilen und staatlichen Zulagen zu nutzen. Nähere Informationen dazu finden Sie auf Seite 83 f.

Aktien und Aktienfonds haben als Altersvorsorge bisher auf

lange Sicht immer gute Erträge erbracht. Das dürfte sich auch in Zukunft nicht ändern. Allerdings unterliegen die Kursgewinne, die einen großen Teil der Erträge ausmachen, seit Januar 2009 der Abgeltungsteuer. Das schmälert den bisherigen Ertragsvorsprung gegenüber Lebens- und Rentenversicherungen deutlich. Im Alter sollten Sie Aktien oder Aktienfonds nach und nach in festverzinsliche Papiere oder einen Auszahlplan umtauschen, um weniger von Kursschwankungen betroffen zu sein, besonders dann, wenn Sie die Erträge für Ihren Lebensunterhalt benötigen.

Windkraftfonds und andere Beteiligungen, bei denen die Hauptertäge (und damit auch die Steuerbelastung) zehn bis zwanzig Jahre nach der Zeichnung anfallen, sind besonders ge-

Schaubild 2: Vorsorgebausteine nach Lebensphasen

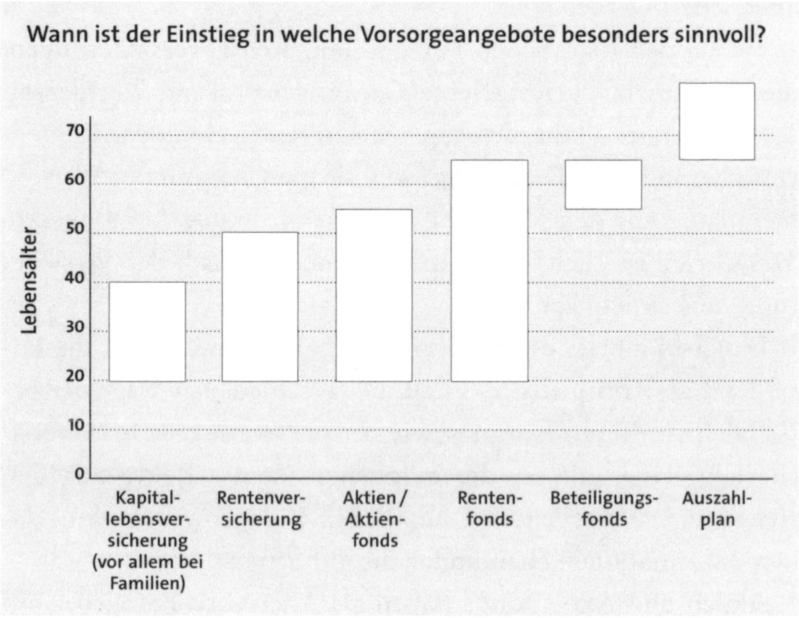

eignet für 50- bis 60-Jährige. Hierbei ist aber zu berücksichtigen, dass es sich um unternehmerische Beteiligungen mit entsprechendem Risiko handelt. Daher sind sie zur Deckung der grundlegenden Versorgungsbedürfnisse kaum geeignet.

Auszahlpläne, wie sie beispielsweise die GLS Bank anbietet, dienen dazu, vorhandenes Kapital (zum Beispiel Wertpapiervermögen) nach und nach in monatlichen Beträgen zur Aufstockung der Rente auszuzahlen. Der Nachteil ist, dass hier keine lebenslange Zahlung vereinbart werden kann. Eine Alternative ist daher die Verrentung durch eine Lebensversicherung, bei der das Kapital in eine lebenslange Rente umgewandelt wird.

Schaubild 2 vermittelt eine Übersicht über die Eignung der verschiedenen Vorsorgeformen je nach dem individuellen Lebensalter.

Die wichtigsten Steuerfragen: Was bleibt unterm Strich?*

Auch bei grünen Geldanlagen zählt, was nach Abzug nicht nur von Gebühren und Provisionen, sondern auch der zu zahlenden Steuern übrig bleibt. Deshalb ist es ratsam, die wichtigsten Steuerregeln zu kennen.

Doch vorweg eine Warnung: Die Aussicht, Steuern zu sparen, übt eine gewisse Faszination aus. Dies wissen auch die Anbieter dubioser Geldanlagen. Seien Sie deshalb besonders kritisch, wenn Sie den Anbieter nicht kennen und die Möglichkeit des Steuersparens in den Vordergrund gestellt wird.

---

* Alle steuerlichen Angaben in diesem Buch beziehen sich auf die Situation in Deutschland.

Sparkonten, Sparbriefe und Festgelder

Auch Zinsen auf grüne Bankeinlagen werden seit dem 1. Januar 2009 mit der Abgeltungsteuer belegt, wenn der Sparer-Pauschbetrag von 801 Euro pro Person überschritten wird. Der diesen Betrag überschreitende Teil des Zinsertrags wird mit 25 Prozent zuzüglich Solidaritätszuschlag und gegebenenfalls Kirchensteuer belastet, also mit bis zu 28,6 Prozent.

Konkret bedeutet dies: Verheiratete können bei einer Verzinsung von 3 Prozent circa 53 000 Euro steuerfrei zum Beispiel in Form von Sparkonten, Sparbriefen und Festgeldern anlegen. Bei einer Verzinsung von 5 Prozent sind es immerhin noch 32 000 Euro. Für Singles halbieren sich die Angaben. Auch jedes Kind kann für seine Zinseinkünfte den Sparer-Pauschbetrag in Anspruch nehmen.

Anleger, deren persönlicher Steuersatz unter 25 Prozent liegt, können sich zu viel gezahlte Steuer über die Steuererklärung zurückholen.

Sparer-Pauschbetrag richtig einsetzen

Um den Sparer-Pauschbetrag zu nutzen, müssen Sie Ihrer Bank einen sogenannten Freistellungsauftrag erteilen. Haben Sie Anlagen bei mehreren Banken, müssen Sie den Sparer-Pauschbetrag von 801 Euro aufteilen. Verheiratete können den ihnen gemeinsam zustehenden Sparer-Pauschbetrag von 1602 Euro beliebig auf die Banken der Ehepartner verteilen. Legen Sie sich eine kleine Übersicht an und kontrollieren Sie regelmäßig, ob die Verteilung des Gesamtumfangs der Freistellung noch sinnvoll ist und Sie nicht aus Versehen zu hohe Freibeträge auf die Banken verteilt haben. Die Angaben werden von den Finanzbehörden kontrolliert.

Der Freistellungsauftrag muss der Bank zum Zeitpunkt der Zinsgutschrift vorliegen. Andernfalls können Sie sich die von der Bank abgeführten Steuern erst im Rahmen der Einkommensteuerfestsetzung wieder zurückzuholen.

Aktien, festverzinsliche Wertpapiere und Investmentfonds

Auch Kursgewinne aus grünen Aktien, festverzinslichen Wertpapieren oder Investmentfondsanteilen unterliegen seit dem 1. Januar 2009 der Abgeltungsteuer. Das gilt allerdings nur, wenn die Wertpapiere nach dem 31. Dezember 2008 erworben wurden. Für Altbestände gilt nach wie vor: Kursgewinne sind nach einer Haltedauer von mindestens einem Jahr steuerfrei. Die Freigrenze von 512 Euro für Veräußerungsgewinne (bei einer Haltedauer unter einem Jahr) fällt mit der Einführung der Abgeltungsteuer folgerichtig weg.

Dividenden und Zinsen unterliegen genau wie Zinsen auf Bankeinlagen der Abgeltungsteuer, wenn sie den Sparer-Pauschbetrag übersteigen. Das sogenannte Halbeinkünfteverfahren für Dividendenerträge im Privatvermögen wird mit Einführung der Abgeltungsteuer ebenfalls abgeschafft.

Beteiligungen

Beteiligungen an sogenannten geschlossenen Fonds, wie zum Beispiel an Windkraftfonds, galten lange als eine klassische Möglichkeit, Steuern zu sparen. Diese Möglichkeit wurde mittlerweile deutlich eingeschränkt. Die Verlustverrechnung wird generell ausgeschlossen, wenn einem Anleger Verluste zugeschrieben werden, die seine Einlage überschreiten. Dies wird damit begründet, dass der Anleger auch nur ein Verlustrisiko in Höhe seiner Einlage zu tragen hat. Auch eine Verrechnung der Verluste solcher Beteiligungsformen mit anderen Einkunftsarten ist nicht mehr gestattet.

Deshalb haben sich Beteiligungen von Steuerstundungsmodellen zu Renditemodellen gewandelt. Da die steuerpflichtigen Erträge aber teilweise weit in der Zukunft liegen, ergibt sich eventuell dennoch dann ein steuerlich positiver Effekt, wenn der in der Zukunft zur Anwendung kommende Steuersatz niedriger ist als der heutige. Der klassische Fall ist der des gut verdienenden Steuerpflichtigen in der Lebensmitte, dessen aktueller persönlicher Steuersatz deutlich höher liegt als der zukünftig geltende, wenn er einmal in Rente gegangen sein wird. Denkbar ist allerdings auch ein gegenteiliger Effekt, besonders bei jüngeren Anlegern, deren Steuerlast sich im Zuge von Einkommenssteigerungen noch erhöht.

Grüne Beteiligungen profitieren teilweise von den Regelungen des Erneuerbare-Energien-Gesetzes, das für bestehende Anlagen Garantien für Einspeisevergütungen vorsieht. Diese Garantien stellen die Ertragsplanungen auf sichere Füße. Dieser Vorteil wird zukünftig besonders für sogenannte Zweitmarktfonds gelten, da diese bereits bestehende Anlagen erwerben.

Lebens- und Rentenversicherungen

Durch den Wegfall des Steuerprivilegs für Lebensversicherungen zum 1. Januar 2005 und die weiteren Regelungen des Alterseinkünftegesetzes hat sich die steuerliche Betrachtung auch von grünen Lebens- und Rentenversicherungen grundlegend verändert.

Der Gesetzgeber hat drei Kategorien gebildet, die jeweils unterschiedlich behandelt werden. Bei der Basisversorgung, unter die auch die Basis-Rente (»Rürup-Rente«) fällt, können Beiträge pro Person und Jahr von bis zu 20000 Euro steuerlich geltend gemacht werden. Im Gegenzug werden im Rahmen der sogenannten nachgelagerten Besteuerung die späteren Rentenzahlungen schrittweise zur Besteuerung herangezogen.

Zur Zusatzversorgung zählt neben der betrieblichen Altersversorgung beispielsweise mittels Direktversicherung auch die Förder-Rente (»Riester-Rente«). Hier tritt neben die steuerliche Förderung von Eigenbeiträgen von maximal 2100 Euro die Zahlung einer Grundzulage von 154 Euro und gegebenenfalls einer Kinderzulage von 185 Euro (300 Euro für Kinder, die nach 2007 geboren wurden) pro Person und Jahr. Auch hier greift später die nachgelagerte Besteuerung.

Die dritte Kategorie bilden die Kapitalanlageprodukte, die die sonstigen Lebens- und Rentenversicherungen umfassen. Diese werden steuerlich nicht besonders gefördert. Die Beiträge sind daher nicht steuerlich absetzbar. Allerdings werden spätere Rentenzahlungen nur teilweise zur Besteuerung herangezogen: Bei einmaliger Kapitalauszahlung werden unter der Voraussetzung, dass der Versicherungsvertrag mindestens zwölf Jahre bestand und eine Verfügung frühestens mit Vollendung des 60. Lebensjahr möglich war, die Erträge nur zur Hälfte zur Besteuerung herangezogen. Allerdings sind hier Änderungen wegen der neuen Abgeltungsteuer möglich.

Kapitalauszahlungen aus Lebensversicherungsverträgen, die vor dem 1. Januar 2005 geschlossen wurden, bleiben steuerfrei, sofern die Mindestlaufzeit von zwölf Jahren und eine Beitragszahldauer von mindestens fünf Jahren eingehalten werden.

Spenden steuerlich absetzen

Zwar ziehen Spenden keinerlei finanzielle Rückflüsse nach sich, aber Sie können sie durchaus als Investition in die ökologische Zukunftssicherung interpretieren. Darüber hinaus können Sie Spenden, die der Unterstützung ökologischer oder sozialer Vorhaben dienen, von Ihrem zu versteuernden Einkommen abziehen und so Ihre Steuerlast mindern.

Die maximale Höhe des Abzugsbetrags beträgt 20 Prozent Ihrer jährlichen Einkünfte. Allerdings können Spenden, die diesen Höchstbetrag überschreiten oder im Jahr der Zuwendung nicht berücksichtigt werden können, im Rahmen der Höchstbeträge in den folgenden Jahren als Sonderausgaben abgezogen werden. Welchen Anteil der Spende erhalten Sie vom Finanzamt zurück?

Beispiel

Bei einem zu versteuernden Jahreseinkommen von 40 000 Euro gilt für Sie als Lediger ein Grenzsteuersatz von rund 40 Prozent, als gemeinsam veranlagtes Ehepaar von rund 30 Prozent. Auf den letzten verdienten Euro zahlen Sie also 40 Cent (30 Cent) Steuern. Genau diesen Anteil Ihres ersten gespendeten Euros erhalten Sie auch zurück. (Der Solidaritätszuschlag ist in dieser Rechnung enthalten.)

Erben und vererben: Ein Testament ist sinnvoll

Statistiker schätzen den Wert des privaten Geldvermögens in Deutschland auf rund 4,5 Billionen Euro. Hinzu kommt ein Immobilienvermögen von circa 3,5 Billionen Euro. In den nächsten Jahrzehnten werden große Teile dieser Vermögen von der Vorkriegsgeneration auf die heute 40- bis 50-Jährigen übergehen.

Gedanken an den eigenen Tod schiebt man gerne von sich weg. Dennoch ist es spätestens in der zweiten Lebenshälfte ratsam, ein Testament zu machen, um verbindlich zu regeln, was mit dem erwirtschafteten Vermögen nach dem Tod geschehen soll – nicht zuletzt, um Erbstreitigkeiten zu vermeiden. Je nach Familien- und Vermögensverhältnissen ist es auch unabhängig vom Alter sinnvoll, ein Testament zu erstellen.

Für den Fall, dass kein Testament vorliegt, sieht das Bürgerliche Gesetzbuch vor, dass in erster Linie der Ehepartner und die Kinder sowie die Enkel erben. In zweiter Linie kommen Eltern, Geschwister, Nichten und Neffen als Erben in Betracht. Wenn keine Verwandten auffindbar sind, fällt das Geld dem Staat zu. Im Detail bleiben jedoch ohne testamentarische Verfügung viele Fragen offen – auch, ob die so geschaffenen Verhältnisse dem Willen des Erblassers entsprechen.

Im Testament kann man festlegen, wer als Erbe eingesetzt und wem ein sogenanntes Vermächtnis zugedacht wird. Hierbei sind die Formvorschriften streng: Ein eigenhändig verfasstes Testament muss vom ersten bis zum letzten Wort handschriftlich aufgesetzt und unterschrieben sein, sonst ist es ungültig. Wenn mehrere Testamente vorliegen, hat das zuletzt verfasste Gültigkeit. Das Testament sollte daher Ort und Datum tragen.

Wer sicher sein will, dass ihm kein Fehler unterläuft, sollte ein notarielles Testament errichten. Dies gilt vor allem dort, wo es um größere Beträge und um komplizierte Vermögens- oder Familienverhältnisse geht. Die anfallenden Gebühren werden von den Vorteilen weit aufgewogen: Eine kompetente Beratung, die juristische Eindeutigkeit der Regelungen und eine sichere Aufbewahrung des Dokuments lohnen den Aufwand allemal.

Auch steuerliche Gesichtspunkte sollten bei der Gestaltung eines Testaments nicht unbeachtet bleiben. Ehepartner können einen Freibetrag von 307000 Euro geltend machen; für Kinder bleiben 205000 Euro, für Enkel, Eltern und Großeltern sind 51200 Euro steuerfrei. Geschwister und weiter vom Erblasser entfernte Verwandte können einen Freibetrag von 10300 Euro geltend machen, für alle übrigen Erben gilt ein solcher von 5200 Euro.

Die genannten Freibeträge sollen sich mit dem Inkrafttreten des Erbschaftsteuerreformgesetzes erhöhen: nach dem derzeitigem Entwurf für Ehe-und Lebenspartner auf 500000 Euro, für Kinder auf 400000 Euro, für Enkel auf 200000 Euro; für Eltern, Großeltern und Urenkel sollen künftig 100000 Euro steuerfrei bleiben. Geschwister und weiter vom Erblasser entfernte Verwandte sollen wie alle übrigen Erben einen Freibetrag von 20000 Euro geltend machen können.

Diesen Anhebungen stehen Neuregelungen im Bewertungsgesetz gegenüber, die vorsehen, dass insbesondere Grundvermögen und Betriebsvermögen – in Annäherung an den Verkehrswert – deutlich höher als bisher bewertet werden.

Durch rechtzeitige Schenkungen zu Lebzeiten können neben diesen Freibeträgen zusätzliche Beträge steuerfrei übertragen werden.

Der Übergang enormer Werte auf die nächste Generation kann auch unter ethisch-ökologischen Gesichtspunkten sinnvoll gestaltet werden. Denn das wichtigste Erbe, das wir hinterlassen können, ist die Bewohnbarkeit unseres Landes und der Erde. Deshalb haben viele Menschen das Bedürfnis, nicht nur für das Wohl ihrer Angehörigen Sorge zu tragen, sondern auch für das der Allgemeinheit.

Neben der Möglichkeit, eine gemeinnützige Organisation als Erbin einzusetzen oder ihr einen bestimmten Betrag zu vermachen, besteht die Möglichkeit, schon zu Lebzeiten oder für den Todesfall eine Stiftung mit sozialen oder ökologischen Zielen ins Leben zu rufen.

Weitere Informationen

- Stiftung Warentest, *Ratgeber Erben und Vererben* (Telefon 030/2631-0)
- Greenpeace e.V., *Das Testament* (Telefon 040/3 06 18-234)
- GLS Treuhand e.V., *Ideen ins Leben bringen. Ratgeber zu dem Thema Schenkungen und Testamente* (Telefon 0234/57 97-123)

4 Anbieter, Produkte und Berater

Um Ihnen die Übersicht über den grünen Kapitalmarkt zu erleichtern, werden im Folgenden die wichtigsten Anbieter im deutschsprachigen Raum sowie eine ganze Reihe von Produktbeispielen, sortiert nach Anlageform, dargestellt. Eine umfangreichere Übersicht können Sie im Internet unter www.ECOreporter.de einsehen – sie hier wiederzugeben würde den Rahmen dieses Ratgebers sprengen.

Sieben nachhaltige Banken

Die grünen Banken haben das ökologische Bewusstsein gestärkt und die Diskussion über eine nachhaltige Entwicklung der Wirtschaft wesentlich vorangebracht. Viele Tausend Projekte wurden finanziert und wesentliche Impulse zum Beispiel für den ökologischen Landbau und die regenerativen Energien gegeben. Grüne Banken orientieren ihre Produktpalette an ökologischen und sozialen Kriterien und schaffen Transparenz hinsichtlich der Vergabe ihrer Kredite.

Trotz vieler Gemeinsamkeiten gibt es deutliche Unterschiede

in der Philosophie und Unternehmenspolitik grüner Banken. Die GLS Gemeinschaftsbank eG in Deutschland und die Freie Gemeinschaftsbank in der Schweiz haben einen anthroposophischen Hintergrund. Die Alternative Bank Schweiz AG ist aus der Tradition der Anti-Atom- und Friedensbewegung der 1970er Jahre entstanden. Die Umweltbank AG ist weniger an eine weltanschauliche Tradition gebunden. Die Ethik Bank betreibt ihr Geschäft im Rahmen von ethisch-ökologischen Anlagekriterien, die Steyler Bank und die Bank für Orden und Mission/vr bank Untertaunus eG sind christlichen Traditionen verpflichtet.

Allen grünen, ethischen und nachhaltigen Banken ist gemeinsam, dass sie im Vergleich mit herkömmlichen Banken klein sind. Die Bilanzsumme der GLS Gemeinschaftsbank ebenso wie der Umweltbank beträgt weniger als 1 Milliarde Euro. Im Vergleich mit der Bilanzsumme des Deutsche-Bank-Konzerns (2 000 Milliarden Euro, Stand 2007) sind das »Peanuts«. Es ist erstaunlich, welche Wirkung die grünen Banken mit diesen geringen Mitteln erreichen konnten.

GLS Gemeinschaftsbank

Die GLS Bank war die erste ethisch-ökologische Bank in Deutschland. Bereits seit 1974 verbindet sie professionelle Bankarbeit mit sozialer und ökologischer Verantwortung. Mit einem breiten Angebotsspektrum vom Girokonto über verschiedene Geldanlagen und Finanzierungen bis hin zum Vermögensmanagement einschließlich des Managements von Investmentfonds bietet die GLS Bank alle üblichen Bankgeschäfte an.

Durch die kontinuierliche Weiterentwicklung ihrer Finanzierungsinstrumente verwirklicht die Bank zurzeit über 4 800 Projekte. Ihre rund 58 000 Kunden (Stand 2008) können bestimmen, in welche Bereiche das Geld, das sie der Bank anvertrauen, fließen soll – etwa in regenerative Energien, ökologische Landwirtschaft, Naturkost, Freie Schulen und Kindergärten oder gemeinschaftliches Wohnen. Auf diese Weise profitieren die Kunden in zweifacher Hinsicht: finanziell und ideell.

Finanzen und Moral, Geld und Transparenz sind im Konzept der GLS Bank keine Gegensätze. Die Bank macht bereits seit ihrer Gründung die Wirksamkeit des Geldes sichtbar, indem sie in der Kundenzeitschrift *Bankspiegel* regelmäßig den Stand aller vergebenen Kredite veröffentlicht. Nicht zuletzt aufgrund dieser Transparenz und der Mitverantwortung ihrer Kunden für die Mittelverwendung erzielt die GLS Bank seit Jahren ein Bilanzwachstum von jeweils 20 bis 25 Prozent.

Neben ihrem Hauptsitz in Bochum ist die GLS Bank inzwischen in Berlin, Frankfurt, Freiburg, Hamburg, München und Stuttgart vertreten. Sie ist mit derzeit 15 000 Mitgliedern genossenschaftlich organisiert und fühlt sich dem Gedanken des gemeinsamen und nachhaltigen Wirtschaftens verpflichtet. Durch ihre Mitgliedschaft in der Sicherungseinrichtung der Volksbanken und Raiffeisenbanken sind alle Einlagen in unbegrenzter Höhe zu 100 Prozent abgesichert.

Zur GLS Bank gehören außerdem die GLS Treuhand e.V., die bei der Realisierung von Stiftungs- und Schenkungsvorhaben berät, und die GLS Beteiligungs AG. Letztere stellt jungen und nachhaltig wirtschaftenden Unternehmen Kapital in Form von geschlossenen Fonds und Genussrechten zur Verfügung. Zusammen erreichte die Gruppe Mitte 2008 ein Geschäftsvolumen von 1050 Millionen Euro.

Umweltbank

Die in Nürnberg beheimatete Umweltbank AG ist als Direktbank tätig. Seit 1997 ist sie Vollbank, seit 2001 an der Börse notiert. Angeboten werden neben Bankeinlagen auch Umweltaktien, Genussscheine, Umweltfonds, grüner Versicherungsschutz, ökologische Beteiligungen und nachhaltige Altersvorsorge. Im Bereich der gewerblichen und privaten Finanzierungen konzentriert sich die Bank ausschließlich auf ökologische Projekte. Den Schutz der Umwelt hat sie als Unternehmensgegenstand in ihrer Satzung verankert.

Die Bank will Ökologie und gute Konditionen für Anleger und Kreditnehmer miteinander verbinden. Als Direktbank spart sie die Aufwendungen für Schalterhallen und Filialen. Die eingesparten Kosten sollen in Form von günstigen Konditionen direkt an die Kunden weitergegeben werden. Ihr Infomagazin *Bank & Umwelt* gibt sie quartalsweise heraus.

Alternative Bank Schweiz

Bei der Alternativen Bank Schweiz (ABS) mit Sitz in Olten stehen ethische Grundsätze vor Gewinnmaximierung. Im Zentrum der Arbeit der ABS stehen solidarische Problemlösungen, die Gleichberechtigung von Frau und Mann, die Befriedigung der menschlichen Grundbedürfnisse und die Erhaltung der natürlichen Umwelt. Sie will Alternativen zur herrschenden ökonomischen Logik aufzeigen. Sämtliche Kredite dienen der Finanzierung ökologischer und sozialer Projekte und werden veröffentlicht. Mithilfe der Solidarität der Anleger und Anlegerinnen können Kredite zu vergünstigten Zinssätzen gewährt werden. Die Alternative Bank Schweiz funktioniert intern weitgehend nach demokratischen Grundsätzen. Sie ist als Spar- und Kreditbank tätig, bietet eine Auswahl an Konten und Basisdienstleistungen für das Abwickeln des Zahlungsverkehrs und vertreibt eine Reihe von nachhaltigen Anlagefonds.

Freie Gemeinschaftsbank

Die Freie Gemeinschaftsbank wurde im Jahr 1984 gegründet. Sie ist die erste Schweizer Alternativbank und hat ihren Sitz in Basel. Ihre Tätigkeit beruht auf anthroposophischen Grundsätzen und dem solidarisches Handeln von Menschen, die ihr Geld für sinnvolle Projekte einsetzen wollen.

Die Freie Gemeinschaftsbank ist als Genossenschaft organisiert und strebt keine Gewinnmaximierung an. Sie zahlt in der Regel marktübliche Zinsen und bietet verschiedene Kontenformen an, darunter beispielsweise auch ein Konto für die Altersvorsorge.

Besonderheiten sind die Treuhandanlagen und die Möglichkeit der Kunden, ihren Guthabenzinssatz bis zu einem Höchstsatz selber auszuwählen. Alle Kreditnehmer werden im Geschäftsbericht veröffentlicht. Ein Zinsverzicht kommt den Kreditnehmern zugute. Zudem besteht die Möglichkeit, den bevorzugten Verwendungsbereich der persönlichen Ein- und Anlagen anzugeben. Die Freie Gemeinschaftsbank gibt die Kundenzeitschrift *transparenz* heraus. Die 2001 gegründete gemeinnützige »Stiftung Freie Gemeinschaftsbank« widmet sich den Themen Schenkgeld, Nachlass und Testament.

Ethikbank

Die Ethikbank ist eine Zweigniederlassung der Volksbank Eisenberg. Sie ist als Direktbank in Deutschland und Österreich tätig. In Österreich bietet sie ein Zinskonto, in Deutschland E-Banking, ein Girokonto, kurzfristige und langfristige Geldanlagen, nach dem Modell der Riester-Rente förderfähige Anlagen, Investmentfonds, Wertpapierdepot und den ÖkoKredit für Privatpersonen. Eine Besonderheit ist das Girokonto speziell für Schuldner mit Schufa-Eintrag. Die Ethikbank fördert aus Kundenspenden und eigenen Mitteln Frauen-, Ethik- und Umweltprojekte.

Steyler Bank

Im Jahr 1964 gründeten die Steyler Missionare in Sankt Augustin bei Bonn die bis heute einzige Missionsbank Europas. Die Steyler Bank bietet ein Girokonto, Internetbanking, Wertpapiere und Vermögensberatung. Die Bankgewinne fließen an die Steyler Missionare und Missionsschwestern und damit in größere und kleinere Projekte in der ganzen Welt.

Durch die Aktion »Prozente für Deinen Nächsten« schenken Sie den Missionaren einen bestimmten Anteil Ihrer Zinsen. Der jährliche »Geschäftsbericht der guten Taten« legt Rechenschaft über die Verwendung der Mittel ab. Bei Spenden an die Steyler Missionare kann ein bestimmter Spendenzweck angegeben werden.

Fortsetzung Seite 96

Tabelle 1: Grüne Banken* 

Firma	GLS Gemeinschaftsbank eG	UmweltBank AG	Alternative Bank ABS
Postadresse	Christstraße 9, D–44789 Bochum	Laufertorgraben 6, D–190489 Nürnberg	Leberngasse 17, Postfach CH–14601 Olten
Telefon	D 0234/5797-100	D 0911/5308-123	CH 062/206-16-16
Website	www.gls.de	www.umweltbank.de	www.abs.ch
E-Mail	info@gls.de	service@umweltbank.de	contact@abs.ch
Kurzprofil	Finanzierung sozial, ökologisch und kulturell nachhaltiger Projekte	zinsgünstige Finanzierung ökologischer Projekte; Angebot grüner Geldanlagen	ökologische und soziale Anlagen und Finanzierungen
Gründungsjahr	1974	1997	1990
Bilanzsumme	855 Mio. €	1.025 Mio. €	800 Mio. CHF
Girokonten für Privatpersonen	ja	nein	ja
Bankanlagen	Giro-, diverse Spar- und Anlagekonten, Investmentfonds, Altersvorsorge	UmweltPluskonto, UmweltSparbuch, Wachstumssparen, UmweltSparbrief	Spar-, Anlage-, Alltags-, Einlagekonto, Kontokorrent, ethische Anlagen
Vermittlung von Beteiligungsfonds	ja	Windkraft, Solar	k. A.
Handel von Aktien	ja	37 Umweltaktien (Ausweis des UmweltBank-AktienIndex–UBAI)	ja
Vertrieb von Investmentfonds	ja	8 Titel, z.B. Oekovision Classic	ja
Besonderheiten	Transparenz bei Krediten und Eigenanlagen, Verwendungsorientierung, 100-%-ige Einlagensicherung	ökologische Produktgarantie, Umweltrat, Umweltbeirat	Transparenz in der Kreditvergabe und Geschäftstätigkeit, keine Gewinnmaximierung
	Alle Angaben ohne Gewähr entsprechend den Angaben der Anbieter		

*Erläuterungen zu den Symbolen »Blitz« und »Baum« finden Sie auf den Seiten 46 f. und 51 ff.

;reie Gemein- ;chaftsbank	EthikBank	Steyler Bank GmbH	Bank für Orden und Mission/vr bank Untertaunus eG
;erbergasse 30, :H–14001 Basel	Martin-Luther-Str. 2, D–07607 Eisenberg	Arnold-Janssen-Str. 22, D–53757 Sankt Augustin	Wiesbadener Str. 16, D–65510 Idstein
:H 061/26 98 100	D 036691/86 23 45	D 02241/120-50	D 01803/11 11 55-0
vww.gemeinschafts- ank.ch	www.ethikbank.de	www.steyler-bank.de	www.ordensbank.de
nfo@gemeinschafts- ank.ch	hallo@ethikbank.de	info@steyler-bank.de	info@ordensbank.de
;ank mit Schweizer ;ewilligung und nthroposophischer ;rundlage	Direktbank für ethische und ökologische Bankprodukte	Ethikbank, deren Gewinne in die weltweite Missionsarbeit fließen	Kundengelder werden nach strengen ethischen Grundsätzen angelegt
984	2002	1964	2003
43 Mio. CHF	67 Mio. €	245 Mio. €	k. A.
a	ja	ja	ja
inlagekonto, Anlage- onto, 3. Säule, Fest- ;eld 1-5 Jahre, Treu- andanlagen	kurz- und langfristige Anlage, Riester-Banksparplan, Investmentfonds	Einlage- und Anlagekonten, Depots, Vermögensverwaltung, Anlageberatung, Stiftungen	Geldmarkt- und Anlagekonto, Sparbuch, Festgeld, Wachstumssparen, Sparplan, Schuldverschreibung
ein	nein	ja	nein
ein	ja	ja	nein
ein	ja	ja	ja
thisch verantwor- ıngsvoller Umgang ıit Geld, höchste ransparenz, kein erkaufsdruck	alle Einlagen investiert die Bank transparent nach ethisch-ökologischen Anlagekriterien	ethische Gewinnerzielung und Verwendung	der bankübliche Gewinn fließt in Projekte des Franziskanerordens

Bank für Orden und Mission/vr bank Untertaunus eG

Die Bank für Orden und Mission entstand auf Anregung der Missionszentrale der Franziskaner in Bonn. Der bankübliche Gewinn fließt in die weltweite Projektarbeit der Missionszentrale der Franziskaner für notleidende Menschen. So unterstützt die Bank zum Beispiel Wasser- und Brunnenbauprojekte, Bildungs- und Ausbildungsprojekte und Kinderhilfsprojekte in den armen Ländern dieser Welt.

Die Bank für Orden und Mission sichert die Einlagen ihrer Kunden durch ihre Zugehörigkeit zur Sicherungseinrichtung des Bundesverbandes der Deutschen Volks- und Raiffeisenbanken e. V. Ihr Service reicht vom Giro-, Spar-, Festgeldkonto über individuelle ethische Anlageprodukte bis hin zur Finanzplanung.

▶▶▶ In Tabelle 1 auf den Seiten 94 und 95 sind die Kerninformationen zu den oben vorgestellten Banken im Überblick zusammengefasst.

Weniger Risiko im Paket: 48 Investmentfonds

Investmentfonds investieren das Geld der Anleger gebündelt in Aktien (Aktienfonds), festverzinsliche Wertpapiere (Rentenfonds) oder beides (Mischfonds). Sie sind eine relativ bequeme Form der Geldanlage; die Streuung auf viele Einzelwerte verringert das

Risiko. Die Fondsanteile können an jedem Börsentag gekauft und verkauft werden. Die Dividenden- und Zinserträge werden jährlich ausgeschüttet (ausschüttende Fonds) oder sie werden dem Depot zugewiesen und wieder neu angelegt (thesaurierende Fonds).

Die Bequemlichkeit der Investmentfonds hat jedoch auch ihren Preis: Beim Kauf fallen zunächst die sogenannten Ausgabeaufschläge an, die bis zu 5 Prozent und mehr betragen. Das heißt: Wenn Sie einen Gewinn erwirtschaften wollen, muss der Wert des Fonds erst einmal um circa 5 Prozent zulegen. Dies macht deutlich, dass sich Investmentfonds in der Regel nicht für kurzfristige Geldanlagen eignen.

Der Ausgabeaufschlag erklärt auch die verschiedenen Kursangaben bei Investmentfonds. Der sogenannte Ausgabepreis entspricht dem Rücknahmepreis plus Ausgabeaufschlag. Billiger als bei Banken erhält man Fondsanteile bei Discount-Brokern oder Fonds-Shops, die aber meist keine ausführliche Beratung anbieten oder sogar gänzlich auf Beratungsangebote verzichten.

Zusätzlich werden jährliche Depot- und Verwaltungsgebühren fällig. Auch bei den Verwaltungsgebühren, in der Fachsprache »management fee« genannt, gibt es eine erhebliche Spannbreite zwischen 0,7 Prozent und mehr als 2 Prozent pro Jahr. Es lohnt sich also ein kritischer Vergleich der Angebote (siehe dazu die folgenden Tabellen).

Die Mindestanlagesummen für Investmentfonds liegen zwischen 500 und 5 000 Euro. Werden monatliche Einzahlungen vorgesehen, so betragen diese mindestens 50 Euro bis 150 Euro; mitunter wird auch eine Ersteinlage gefordert.

Grüne Investmentfonds

Das Ursprungsland der ethischen Investmentfonds sind die USA. Bereits 1928 wurde mit dem im ersten Kapitel bereits erwähnten Pioneer Fund der erste Ethikfonds aufgelegt. Später kam Südafrika mit seiner Apartheid-Politik als Tabuthema dazu. Eine Gruppe von Methodisten gründete 1970 in New Hampshire den Pax World Fund, der Investitionen in Rüstungsfirmen mied. Zwei Jahre später folgte das alteingesessene New Yorker Investmenthaus Dreyfus mit dem Third Century Fund.

Mittlerweile sind in Deutschland 174 nachhaltige Fonds mit einem Volumen von 25 Milliarden Euro zum Vertrieb zugelassen. Rund 30 Indizes für nachhaltige Unternehmen versuchen, den Markt abzubilden. ECOreporter.de beobachtet rund 100 in Deutschland börsennotierte Unternehmen.

Auf den folgenden Seiten stellen wir Ihnen die wichtigsten Investmentfonds vor. Die Tabellen 2 (Seite 104 ff.), 3 (Seite 114 ff.) und 4 (Seite 128 ff.) fassen darüber hinausgehende Angaben zu den Fonds, beispielsweise zum Jahr der Auflegung, zur Wertentwicklung und zum Ausgabeaufschlag, zusammen.

Aktienfonds

Pictet Funds (LUX)-European Sustainable Equities-P Cap

Der PF (LUX)-European Sustainable Equities-P Cap investiert in Aktien von in ihrer Branche führenden Unternehmen, die im MSCI Europe Index enthalten sind und das Prinzip der Nachhaltigkeit befolgen. Das Investmentteam beachtet einen mit anerkannten Nachhaltigkeitsexperten entwickelten Rahmen und verwendet bei der Portfoliokonstruktion einen quantitativen Ansatz.

SEB Ökolux

Der von SEB Asset Management aufgelegte SEB Ökolux ist ein international ausgerichteter Aktienfonds, der in seiner Anlagepolitik ethische und ökologische Kriterien berücksichtigt. Nach dem Best-in-class-Ansatz investiert er auf der Basis einer umfassenden Analyse sein Vermögen in Unternehmen, die sich innerhalb ihrer Branche durch ihre überdurchschnittliche Umwelt- und Sozialverträglichkeit auszeichnen. Unternehmen, die in sozial oder ökologisch sehr bedenklichen Branchen tätig sind oder sich unerwünschter Praktiken bedienen, sind von einem Investment ausgeschlossen – zum Beispiel Firmen, die Waffen produzieren oder Kinderarbeit einsetzen.

GreenEffects

Der im zweiten Kapitel (siehe Seite 63) schon vorgestellte Fonds GreenEffects bildet den Natur-Aktien-Index (NAI) nach. Investiert wird ausschließlich in die Unternehmen, die im NAI vertreten und nach dessen Positiv- und Negativkriterien überprüft sind.

DWS Klimawandel

Der Fonds DWS Klimawandel wurde von der DWS Investment GmbH aufgelegt. Er investiert in CO_2-effiziente und energieeffiziente Technologien, erneuerbare oder alternative Energien, Klimaschutz, Katastrophenschutz oder -management und energieeffiziente Mobilität.

Meag KlimaStrategie A

Der Fonds der Meag Munich Ergo Kapitalanlagegesellschaft mbH investiert weltweit in Unternehmen, die auf eine Emissionsreduktion zur Abschwächung des Klimawandels oder auf die Entwicklung von Produkten zur Anpassung an die Klimaveränderung abzielen. Der Schwerpunkt liegt auf kleinen bis mittleren Unternehmen (rund 75 Prozent), große Unternehmen werden beigemischt. Das Anlageziel ist ein langfristiges Kapitalwachstum.

Vier Swisscanto-Fonds

Der Swisscanto (LU) Equity Fund Climate Invest investiert weltweit in Aktien von Unternehmen, die einen Beitrag zur Reduktion des Klimawandels oder dessen Folgewirkungen leisten (Climate Stars).

Der Swisscanto (LU) Equity Fund Green Invest Emerging Markets investiert in Aktien von Unternehmen, die einen überwiegenden Teil ihrer wirtschaftlichen Aktivitäten oder ihren Sitz in den Schwellenländern haben und deren Produkte und Dienstleistungen langfristig einen ökonomischen, ökologischen und sozialen Nutzen in diesen Ländern erbringen. (Der Fonds wurde nach Redaktionsschluss lanciert. In der Tabelle handelt es sich daher um Pro-forma-Daten.)

Der Swisscanto (LU) Portfolio Fund Green Invest Equity investiert weltweit vorwiegend in Aktien. Es werden dabei ausschließlich Unternehmen berücksichtigt, welche den Grundsätzen der ökologischen und sozialen Nachhaltigkeit Folge leisten.

Der Swisscanto (LU) Equity Fund Water Invest investiert weltweit in Aktien von Unternehmen, die Technologien, Produkte oder Dienstleistungen mit Bezug zur Wertschöpfungskette des Wassers anbieten.

Zwei Fonds der UBS Deutschland AG Global Asset Management

Der von der Schweizer Großbank UBS AG aufgelegte UBS (Lux) Equity Sicav – Emerging Markets Innovators B investiert in Unternehmen aus Schwellenländern, die in den Bereichen Klimawandel, Wasser und nachhaltige Entwicklung tätig sind.

Der UBS (Lux) Equity Sicav – Global Innovators (EUR) B investiert in junge, gering kapitalisierte Unternehmen, deren Produkte und Dienstleistungen sich durch Umweltfreundlichkeit und eine hohe Ressourceneffizienz auszeichnen.

Cominvest Klima Aktien

Das Vermögen dieses Themenfonds wird überwiegend in internationale Aktien von Unternehmen investiert, deren Produkte oder Dienstleistungen oder Geschäftspolitiken zu einer Reduzierung von CO_2- und anderen Emissionen beitragen. Das in Aktien investierte Vermögen wird in die Bereiche erneuerbare Energien, saubere Technologie/Effizienz und zukünftige Kraft- und Brennstoffe investiert.

Zwei Fonds der Kepler-Fonds KAG

Anlageschwerpunkt des Kepler Ethik Aktienfonds sind Aktien internationaler, überwiegend europäischer Unternehmen unter Berücksichtigung ethischer Ausschlusskriterien wie Rüstung, Atomenergie, grüne Gentechnik, Tierversuche, Tabak, Alkohol, Glückspiel, chlororganische Massenprodukte, Biozide, Pornographie und Embryonenforschung, Verletzung von Menschen- und Arbeitsrechten sowie Kinderarbeit. Der Fonds zielt auf Privatpersonen mit besonderem moralischem Anspruch in ihren Aktieninvestments und kirchennahe Institutionen.

Das Anlagekonzept des Kepler Sustainability Aktienfonds ist Nachhaltigkeit. Der Fonds investiert in Aktien internationaler Unternehmen, die in ihrer Geschäftstätigkeit die Kriterien ökonomische, ökologische und soziale Nachhaltigkeit beachten.

Warburg Zukunft Strategiefonds, Frankfurt am Main

Dieser von der Warburg Invest aufgelegte Fonds ist ein Dachfonds, der überwiegend in Aktienfonds aus dem Universum nachhaltiger Investmentfonds investiert. Das Rendite-Risiko-Profil soll ein reines Aktienmarktinvestment übertreffen. Neben Investitionen in Länder- und Regionenfonds können auch aussichtsreiche Themen- und Branchenfonds beigemischt werden.

Die Anlagestrategie ist global ausgerichtet. Die Zielfonds werden quantitativ auf der Basis unabhängiger Fondsdatenbanken ausgewählt. Ausschlaggebend für die Investitionsentscheidung ist die hauseigene qualitative Zielfondsbewertung.

Zwei Fonds der AXA Investment Managers

In allen Ländern werden neue Umweltschutzbestimmungen erlassen, von denen sich Fondsmanager im Markt für saubere Technologien ein rasantes und nachhaltiges Wachstum erwarten. Der Fonds AXA WF Clean Tech bietet Anlegern die Möglichkeit, von den Entwicklungen in den Sektoren Energie, Wasser, Abfallbeseitigung, Industrieprozesse und Sicherheit am Arbeitsplatz zu profitieren.

Über ein aktiv gemanagtes Portfolio mit börsennotierten Beteiligungen, aktiennahen Wertpapieren und Derivatinstrumenten möchten die Manager des AXA WF Human Capital A EUR ein langfristiges Kapitalwachstum erreichen. Der Fonds basiert auf der Überzeugung, dass überdurchschnittliche finanzielle Ergebnisse hochgradig produktive Mitarbeiter voraussetzen, deren Leistungsfähigkeit durch ein herausragendes Human Capital Management gefördert wird.

▶▶▶ **In Tabelle 2 auf den Seiten 104 bis 110 sind die Kerninformationen zu den oben vorgestellten Fonds im Überblick zusammengefasst.**

Tabelle 2: Die wichtigsten grünen Aktienfonds* 

Firma	Pictet Funds GmbH	SEB Asset Management
Postadresse	Neue Mainzer Straße 1, D–60311 Frankfurt a. M.	Rotfeder-Ring 7, D-60327 Frankfur a. M t
Telefon	D 069/79 50 090	D 01801/777-999
Webseite	pictetfunds.com	www.sebassetmanagement.de
E-Mail	info@pictetfunds.com	info@sebam.de
Name des Fonds	Pictet Funds(LUX)-Water-P Cap	SEB Ökolux
Fondsart	Themenfonds	Aktienfonds
WKN	933349	971898
Anlagepolitik	Aktien von Unternehmen des Wassersektors	umwelt- und sozialverträgliche Unternehmen
seit	2000	1992
Fondsvolumen	2 975 Mio. €	33,3 Mio. €
Wertenwicklung über 1 Jahr / 3 Jahre (in %)	-29,54 / -1,27	-17,17 / 12,78
Ausgabeaufschlag	max. 5,00	4,50
Verwaltungsgebühr	1,60	1,50
Hauptbranchen	Wasserversorgung, Wassertechnologie, Umweltdienste	alternative Energien, Industrie, Technologie, Energie
Wichtigste Einzelwerte	Veolia 4,3 %, Suez 4,3 %	Vestas, Phoenix Sonnenstrom, ErSol Solar
Besonderheiten	externer Beirat	Positiv- und Negativkriterien
Potenzielle Risiken für Anleger	Marktrisiko, Wechselkurs- und Zinsschwankungen	Währungs- und Kursrisiken
	Alle Angaben ohne Gewähr entsprechend den Angaben der Anbieter	

*Erläuterungen zu den Symbolen »Blitz« und »Baum« finden Sie auf den Seiten 46 f. und 51 ff.

Securvita Finanzdienstleistungen GmbH (Vertrieb)	DWS Investment GmbH	MEAG MUNICH ERGO Kapitalanlagegesellschaft mbH
Lübeckertordamm 1-3, D-20099 Hamburg	Mainzer Landstr. 178-190, D-60327 Frankfurt a. M	Oskar-von-Miller-Ring 18, D-80333 München
D 0800/600-7777	D 01803/10 11 10 11	D 01805/372201
www.greeneffects.de	www.dws.de	www.meag.com
info@greeneffects.de	info@dws.com	info@meag.com
GreenEffects NAI-Werte Fonds	DWS Klimawandel	MEAG KlimaStrategie A
ethisch-ökologischer Aktienfonds	Branchenfonds	Aktienfonds, Thema Klimawandel
580265	DWS0DT	A0M89H
Unternehmen des Natur-Aktien-Index (NAI)	CO2- bzw. energieeffiziente Technologien, erneuerbare Energien	Unternehmen mit Schwerpunkt Klimaschutz
2000	2007	2008
30 Mio. €	537 Mio. €	8,16 Mio. €
-17,03 / 24,92	-22,46	siehe www.meag.com
4,00	5,00	5,00
0,97	1,45	1,50
alle Branchen des Natur-Aktien-Index (NAI)	alternative Energien, Klimaschutz, Energieeffizienz	alternative und regenerative Energien
Solarworld 8 %, Westpac 7 %, Ecolab, Kurita und Shimano je 5 %	Solarworld 3,8 %, Vestas 3,1 %	Interseroh 4,17 %, Mayr-Melnhof 3,13 %
konsequente Kriterien, unabhängiger Expertenausschuss	k. A.	k. A.
Kursrisiko, Währungsrisiko	Währungsrisiko, Kursrisiko, Bonitätsrisko	Einzelwertrisiko, Währungsrisiko

Tabelle 2: Fortsetzung

Firma	Swisscanto Fondsleitung AG	Swisscanto Fondsleitung AG
Postadresse	Waisenhausstr. 2, CH–8021 Zürich	Waisenhausstr. 2, CH–8021 Zürich
Telefon	CH 058/34 44 470	CH 058/34 44 470
Webseite	www.swisscanto.ch	www.swisscanto.ch
E-Mail	sales_services@swisscanto.ch	sales_services@swisscanto.ch
Name des Fonds	Swisscanto (LU) Equity Fund Climate Invest	Swisscanto (LU) Equity Fund Green Invest Emerging Markets
Fondsart	Aktienfonds	Aktienfonds
WKN	A0MKFU	A0NDYC
Anlagepolitik	Reduktion des Klimawandels und dessen Folgen	Ökonomischer, ökologischer und sozialer Nutzen in Schwellenländern
seit	2007	2008
Fondsvolumen	292 Mio. CHF	k. A.
Wertenwicklung über 1 Jahr / 3 Jahre (in %)	-21,00	k. A.
Ausgabeaufschlag	max. 5,00	max. 5,00
Verwaltungsgebühr	2,00	2,20
Hauptbranchen	erneuerbare Energien, klimaschonende Mobilität	nachhaltige Energie- und Wasserversorgung, nachhaltige Mobilität etc.
Wichtigste Einzelwerte	Manz Automation 7 %, Verbund 7 %, Solarworld 6 %	Aspen Pharmacare, New Oriental Edu., PNOC Delta Electr.
Besonderheiten	unabhängiger Nachhaltigkeitsbeirat, erfahrenes Research	unabhängiger Nachhaltigkeitsbeirat, erfahrenes Research
Potenzielle Risiken für Anleger	Währungsrisiko, Kursrisiko	Währungsrisiko, Kursrisiko
	Alle Angaben ohne Gewähr entsprechend den Angaben der Anbieter	

Swisscanto Fondsleitung AG	Swisscanto Fondsleitung AG	UBS Deutschland AG Global Asset Management
Waisenhausstr. 2, CH–8021 Zürich	Waisenhausstr. 2, CH–8021 Zürich	Stephanstraße 14-16, D–60323 Frankfurt a. M.
CH 058/34 44 470	CH 058/34 44 470	D 069/1369-5300
www.swisscanto.ch	www.swisscanto.ch	www.ubs.com/deutschland-fonds
sales_services@swisscanto.ch	sales_services@swisscanto.ch	hubertus.von-barby@ubs.com
Swisscanto (LU) Portfolio Fund Green Invest Equity	Swisscanto (LU) Equity Fund Water Invest	UBS (Lux) Equity Sicav - Emerging Markets Innovators B
Aktienfonds	Aktienfonds	Social Responsibility Fund
216770	A0MSPX	A0QYZB
ökologisch und sozial nachhaltige Aktien	Technologien, Produkte und Dienstleistungen mit Bezug zu Wasser	Klimawandel, Wasser und nachhaltige Entwicklung in Schwellenländern
2001	2007	2008
470 Mio. CHF	77 Mio. CHF	20 Mio. USD
-20,00 / 17,00	k. A.	(noch kein Jahr alt; Auflegung Mai 2008)
max. 5,00	max. 5,00	5,00
2,00	2,00	2,34 (pauschale Verwaltungskommission)
alternative Energien, Gesundheit, Technologie	Wassertechnologien, Wasserversorgung, Wasserkraft etc.	nachhaltige Entwicklung, Wasser, Klimawandel
Solarworld 6 %, Verbund 5 %, Roth & Rau und Procer & Gamble je 4 %	Mayr-Melnhof Karton 7 %, Verbund 7 %, Severn Trent 4 %	Hyunjin Materials 3,5 %, Teva Pharmaceutical Ind. 3,2 %
unabhängiger Nachhaltigkeitsbeirat, erfahrenes Research	unabhängiger Nachhaltigkeitsbeirat, erfahrenes Research	k. A.
Währungsrisiko, Kursrisiko	Währungsrisiko, Kursrisiko	Kursrisiko

Tabelle 2: Fortsetzung

Firma	UBS Deutschland AG Global Asset Management	cominvest Asset Management GmbH
Postadresse	Stephanstraße 14-16, D–60323 Frankfurt a. M	Platz der Einheit 1, D–60327 Frankfurt a. M
Telefon	D 069/1369 5300	D 069 1301 1888
Webseite	www.ubs.com/deutschland-fonds	www.cominvest.de
E-Mail	hubertus.von-barby@ubs.com	unternehmenskommunikation@cominvest.de
Name des Fonds	UBS (Lux) Equity Sicav – Global Innovators (EUR) B	cominvest Klima Aktien
Fondsart	Social Responsibility Fund	Aktienfonds
WKN	676908	A0MSTB
Anlagepolitik	kleinkapitalisiert, umweltfreundlich und ressourceneffizient	erneuerbare Energien, saubere Technologien, zukünftige Kraftstoffe
seit	2001	2007
Fondsvolumen	644 Mio. €	30 Mio. €
Wertenwicklung über 1 Jahr / 3 Jahre (in %)	-21,48 / 25,82 (nach Abzug von Gebühren; Stichtag: 31. 7. 2008	-16,80
Ausgabeaufschlag	5,00	5,00
Verwaltungsgebühr	2,04 (pauschale Verwaltungskommission)	1,65
Hauptbranchen	Klimawandel, Demografie, Wasser	Unternehmen, die zur Reduktion von CO2-Emission beitragen
Wichtigste Einzelwerte	Renewable Energy Corp AS 3,4 %, Vestas Wind Syst. A/S 3,3 %	SGL Carbon 4,5 % Vestas 3,5 %
Besonderheiten	k. A.	keine
Potenzielle Risiken für Anleger	Kursrisiko	Währungsrisiko, Kursrisiko, branchenspezifische Risiken
	Alle Angaben ohne Gewähr entsprechend den Angaben der Anbieter	

KEPLER-FONDS KAG	KEPLER-FONDS KAG	WARBURG INVEST
Europaplatz 1a, A–4020 Linz	Europaplatz 1a, A–4020 Linz	Liebigstr. 6, D–60323 Frankfurt a.M.
AT 0732/6596-5314	AT 0732/6596-5314	D 069/17 097-0
www.kepler.at	www.kepler.at	www.luxinvest.com
info@kepler.at	info@kepler.at	info@warburg-fonds.com
KEPLER Ethik Aktienfonds	KEPLER Sustainability Aktienfonds	Warburg Zukunft Strategiefonds
Aktienfonds	Aktienfonds	Dachfonds
67565 67566	72739 72574	678026
Aktien mit Nachhaltigkeit und ethischen Kriterien	Aktien mit Nachhaltigkeit	Aktienfonds aus dem Universum der nachhaltigen Investmentfonds
2002	2000	2004
31,84 Mio. €	10,30 Mio. €	12,4 Mio. €
-15,35 / 2,62	-21,67 / -2,18	-19,07 / 5,77
4,00	4,00	3,75
1,65	1,65	1,75
Finanzen, Industrie, Informationstechnologie	Finanzen, Energie, Industrie	k. A.
CENTRICA PLC 4,79 %, BG GROUP PLC 4,26 %	Banco Bilbao Vizcaya 3,90 %, Mitsui Osk Lines YN 50 3,06 %	ESPA vinis MEAG Nachhaltigkeit Sarasin Ökosar
eigener Ethikbeirat (mit der Diözese Linz)	Zusammenarbeit mit SAM Sustainable Asset Management CH	k. A.
Währungsrisiko, Emittentenrisiko, Kursrisiko	Währungsrisiko, Emittentenrisiko, Kursrisiko	typische Markt- und Währungsschwankungen

Tabelle 2: Fortsetzung

Firma	AXA Investment Managers	AXA Investment Managers
Postadresse	Bleichstr. 2-4, D–60313 Frankfurt a.M.	Bleichstr. 2-4, D–60313 Frankfurt a.M.
Telefon	D 069/90 025-0	D 069/90 025-0
Webseite	www.axa-im.de	www.axa-im.de
E-Mail	clientserviceifa@ axa-im.com	clientserviceifa@ axa-im.com
Name des Fonds	AXA WF Clean Tech	AXA WF Human Capital A EUR
Fondsart	Aktienfonds	Aktienfonds
WKN	A0MRVW	A0M81L
Anlagepolitik	Unternehmen im Bereich Clean Technologies	Unternehmen aus dem Human Capital Management
seit	2007	2007
Fondsvolumen	29 Mio. €	35 Mio. €
Wertenwicklung über 1 Jahr / 3 Jahre (in %)	-16,7	k. A.
Ausgabeaufschlag	5,00	5,50
Verwaltungsgebühr	1,75	1,75
Hauptbranchen	Kapitalgüter, Versorger	Industrie, Finanzen
Wichtigste Einzelwerte	Exelon 1,94 %, Siemens 1,91 %	Merck 1,89 %, Yara International 1,83 %
Besonderheiten	k. A.	k. A.
Potenzielle Risiken für Anleger	Kapitalverlust, Markt-, Konzentrations-, Kurs- und Währungsrisiko	Kapitalverlust, Konzentrations- und Kursrisiko
	Alle Angaben ohne Gewähr entsprechend den Angaben der Anbieter	

Nachhaltigkeitsfonds

Drei Fonds von Credit Suisse

- Der Fonds responsAbility Global Microfinance investiert weltweit breit diversifiziert in Mikrofinanz. Er fördert Kleinkredite für Kleinstunternehmer und damit ein Investment in die Entwicklung der Welt. Die Anlagen erfolgen entweder direkt in Mikrofinanzinstitutionen oder indirekt über Institutionen oder Anlageprodukte, die Investitionen in Mikrofinanzinstitutionen vornehmen. Der Großteil der Anlagen umfasst variabel oder fest verzinsliche Forderungspapiere mit kurzer bis mittlerer Laufzeit zur Refinanzierung des Kreditportfolios von Mikrofinanzinstitutionen. Der Fonds kann begrenzt in Fair Trade investieren und sich direkt oder indirekt an Mikrofinanzinstitutionen beteiligen. Die Manager arbeiten nach dem Best-Partner-Konzept und berichten monatlich über die finanziellen Erträge wie auch über die soziale Wirkung vor Ort.
- Der Fonds CS EF Lux Future Energy B EUR hat zum Ziel, durch weltweite Anlagen in Gesellschaften, die Produkte und Dienstleistungen auf dem Gebiet der zukunftsorientierten Energieerzeugung, -umwandlung und -verteilung anbieten, einen höchstmöglichen Kapitalzuwachs zu erzielen. Jeder Subfonds kann bis zu einem Drittel seines Vermögens in Aktien und aktienähnlichen Wertpapieren investieren, die den Anforderungen seiner spezifischen Anlagepolitik nicht entsprechen.
- Das Anlageziel des Fonds CSF (Lux) Christian Values besteht darin, unter Berücksichtigung christlich-ethischer Anlagekriterien die Rendite des Vergleichsindex über einen Zeitraum

von mindestens fünf Jahren zu übertreffen. Der Fonds strebt die Erteilung eines »Zertifikats der ethischen Konformität« durch unabhängige Stellen an. Er investiert weltweit in fest und variabel verzinsliche Werte sowie in Aktien und aktienähnliche Wertpapiere. Dabei beträgt der Anteil an fest und variabel verzinslichen Wertpapieren jederzeit mindestens 50 Prozent des Nettofondsvermögens. Für Anlagen in Rohstoffe sowie für das Liquiditätsmanagement können derivative Instrumente, Futures und sogenannte Exchange Traded Funds (ETF; börsennotierte Fonds) eingesetzt werden.

Sechs Fonds der Bank Sarasin & Cie AG

- Der Sarasin OekoSelect (EUR) legt weltweit und breit diversifiziert direkt oder indirekt mehrheitlich in Aktien an. Investiert wird in Unternehmen, die einen Beitrag zu einer nachhaltigen Wirtschaftsweise leisten, wobei einzelne Branchen ausgeschlossen werden können. Liquide Mittel sowie festverzinsliche Wertpapiere machen maximal 33 Prozent des Nettofondsvermögens aus. Anlagen in andere offene Anlagefonds sind bis zu 100 Prozent des Nettofondsvermögens möglich. Ein Nachhaltigkeitsbeirat unterstützt den Anlageverwalter in Sachen Konzept und Auswahlkriterien. Die Referenzwährung des Fonds ist der Euro. Sarasin OekoSelect (EUR) richtet sich als Basisanlage an private Anleger.
- Der Fonds Sarasin OekoSar Equity – Global investiert in zukunftsorientierte und innovative Unternehmen, die einen nennenswerten Beitrag zum umwelt- und sozialverträglichen Wirtschaften leisten. Den Kern stellen dabei Investitionen in

saubere Energie, Gesundheit, Wasser, nachhaltigen Konsum und nachhaltige Mobilität dar. Ausgewählt werden kleinere und mittelgroße Unternehmen. Auch Ausschlusskriterien werden beachtet. Ein interdisziplinär zusammengesetzter Beirat unterstützt das Fondsmanagement in Bezug auf Konzept und Auswahlkriterien, definiert auszuschließende Aktivitäten und entscheidet bei der Beurteilung von Grenzfällen.

- Der Sarasin Sustainable Equity – Europe (ehemals Sarasin EuropeSar) investiert in Unternehmen, die einen Beitrag zu einer nachhaltigen Wirtschaftsweise leisten. Die Unternehmen haben ihren Sitz in Europa oder üben den überwiegenden Anteil ihrer wirtschaftlichen Aktivität in Europa aus. Wichtige Bestandteile der Strategie dieser Unternehmen sind ein umweltgerechtes und ökologisch effizientes Management und die proaktive Gestaltung der Beziehungen zu den wesentlichen Anspruchsgruppen (zum Beispiel Mitarbeiter, Kunden, Geldgeber, Aktionäre, öffentliche Hand). Der Fonds investiert in die jeweiligen Branchenführer, welche das Konzept der nachhaltigen Entwicklung als strategische Chance nutzen.
- Der Fonds Sarasin Sustainable Equity – Global legt weltweit breit diversifiziert in Aktien an. Er investiert in Unternehmen, die einen Beitrag zu einer nachhaltigen Wirtschaftsweise leisten. Diese Unternehmen zeichnen sich durch umweltgerechtes und ökologisch effizientes Management und die proaktive Gestaltung der Beziehungen zu den wesentlichen Anspruchsgruppen (zum Beispiel Mitarbeiter, Kunden, Geldgeber, Aktionäre, öffentliche Hand) aus. Aus der Perspektive der Nachhaltigkeit kritische Branchen werden à priori ausgeschlossen. – Der Fonds richtet sich als Basisanlage an private und institutionelle Anleger.

Fortsetzung Seite 119

Tabelle 3: Die wichtigsten Nachhaltigkeitsfonds*

Firma	Credit Suisse	Credit Suisse
Postadresse	Junghofstraße 16, D–60311 Frankfurt a. M.	Junghofstraße 16, D–60311 Frankfurt a. M.
Telefon	D 069 / 75 38-11 11	D 069 / 75 38-11 11
Website	www.credit-suisse.com/de	www.credit-suisse.com/de
E-Mail	investment.fonds@credit-suisse.com	investment.fonds@credit-suisse.com
Name des Fonds	responsAbility Global Microf.	CS EF Lux Future Energy B EUR
Fondsart	Microfinance	Aktienfonds – neue Technologien
WKN	A0ETP4	A0JLVR
Anlagepolitik	Fonds ermöglicht Kredite in Entwicklungsländern	neue Energietechnologien, erneuerbare Energien
seit	2003	2006
Fondsvolumen	300 Mio. US-$	160 Mio. €
Wertentwicklung 1 Jahr / 3 Jahre (in %)	6,2 / 19,5	-10,00
Ausgabeaufschlag (in %)	max. 5,00	max. 5,00
Verwaltungsgebühr (in %)	2,00	1,92
Hauptbranchen	Mikrofinanzinstitutionen	alternative Energien
Wichtigste Einzelwerte	Banco ProCredit Nicaragua	Vestas Wind Syst.
Besonderheiten	Fonds kombiniert finanzielle und soziale Rendite	zukunftsträchtige und nachhaltige Energieerzeugung
Potenzielle Risiken für Anleger	Währungs-, Zinsänderungs-, Emittenten- und Kursrisiko	Währungs-, Zinsänderungs-, Emittenten- und Kursrisiko
	Alle Angaben ohne Gewähr entsprechend den Angaben der Anbieter	

*Erläuterungen zu den Symbolen »Blitz« und »Baum« finden Sie auf den Seiten 46 f. und 51 ff.

Credit Suisse	Bank Sarasin & Cie AG	Bank Sarasin & Cie AG
Junghofstraße 16, D–60311 Frankfurt a. M.	Elisabethenstrasse 62, CH-4002 Basel	Elisabethenstrasse 62, CH-4002 Basel
D 069/75 38-11 11	CH 061/27 77 777	CH 061/27 77 777
www.credit-suisse.com/de	www.sarasin.de	www.sarasin.de
investment.fonds@credit-suisse.com	info@sarasin.de	info@sarasin.de
CSF (Lux) Christian Values	Sarasin OekoSelect (EUR)	Sarasin OekoSar Equity – Global
Mischfonds - Ethik	Aktiendachfonds	Aktienfonds
A0MUTT	3570246	2271182
Berücksichtigung christlich-ethischer Anlagekriterien	Unternehmen mit nachhaltiger Wirtschaftsweise	umwelt- und sozialverträglich wirtschaftende Unternehmen
2007	2008	2005
44 Mio. €	2,2 Mio. €	154,05 Mio. €
-6,7	k. A.	-18,48
max. 3,00	max. 5,00	max. 5,00
1,75	1,95	1,75
alle möglichen, mit Ausschlusskriterien	k. A.	saubere Energien 32 %, Gesundheit 22 %
DEPFA Bank	ESPA VINIS Stock Global Cap , Sarasin Investmentfonds SICAV	Vestas Wind Systems 4 %, Solarworld 3 %, Q Cells 3 %
Zertifizierung durch ein unabhängiges Ethikkomitee	Der Fonds verfügt über einen Beirat.	Der Fonds verfügt über einen Beirat und verwendet Ausschlusskriterien.
Währungs-, Zinsänderungs-, Emittenten- und Kursrisiko	Markt-, Gegenpartei-, Liquiditäts-, Abwicklungs- und Währungsrisiko	Markt-, Gegenpartei-, Liquiditäts-, Abwicklungs- und Währungsrisiko

Tabelle 3: Fortsetzung

Firma	Bank Sarasin & Cie AG	Bank Sarasin & Cie AG
Postadresse	Elisabethenstrasse 62, CH–4002 Basel	Elisabethenstrasse 62, CH–4002 Basel
Telefon	CH 061/27 77 777	CH 061/27 77 777
Website	www.sarasin.de	www.sarasin.de
E-Mail	info@sarasin.de	info@sarasin.de
Name des Fonds	Sarasin Sustainable Equity–Europe	Sarasin Sustainable Equity–Global
Fondsart	Aktienfonds	Aktienfonds
WKN	174923	720685
Anlagepolitik	Unternehmen mit nachhaltiger Wirtschaftsweise	Unternehmen mit nachhaltiger Wirtschaftsweise
seit	1993, seit 2007 Nachhaltigkeitsfonds	1999
Fondsvolumen	84,26 Mio. €	79,73 Mio. €
Wertentwicklung 1 Jahr / 3 Jahre (in %)	-24,19 / 0,11	-22,15 / 1,47
Ausgabeaufschlag (in %)	max. 5,00	max. 5,00
Verwaltungsgebühr (in %)	1,75	1,75
Hauptbranchen	Finanzsektor 23,5 %, Industrie 21,5 %	Finanzsektor 29 %, Industrie 14,5 %
Wichtigste Einzelwerte	Reckitt Benckiser Group 3 %, Linde und BNP Paribas je ca. 2,7 %	Neue Energien 3 %, IBM 2,7 %, HP 2,5 %
Besonderheiten	Der Fonds verfügt über einen Beirat und verwendet Ausschlusskriterien.	Der Fonds verfügt über einen Beirat und verwendet Ausschlusskriterien.
Potenzielle Risiken für Anleger	Markt-, Gegenpartei-, Liquiditäts-, Abwicklungs- und Währungsrisiko	Markt-, Gegenpartei-, Liquiditäts-, Abwicklungs- und Währungsrisiko
	Alle Angaben ohne Gewähr entsprechend den Angaben der Anbieter	

Bank Sarasin & Cie AG	Bank Sarasin & Cie AG	MEAG MUNICH ERGO Kapitalanlage-gesellschaft mbH
Elisabethenstrasse 62, CH–4002 Basel	Elisabethenstrasse 62, CH–4002 Basel	Oskar-von-Miller-Ring 18, D–80333 München
CH 061/27 77 777	CH 061/27 77 777	D 01805/37 22 01
www.sarasin.de	www.sarasin.de	www.meag.com
info@sarasin.de	info@sarasin.de	info@meag.com
Sarasin New Power Fund B	Sarasin Sustainable Water Fund A	MEAG Nachhaltigkeit
Aktienfonds	Aktienfonds	Aktienfonds, Thema Nachhaltigkeit
2950944	3570646	161999
Unternehmen im Bereich erneuerbare Energien	Unternehmen der Wertschöpfungskette Wassermarkt	Unternehmen, die nachhaltig wirtschaften
2007	2007	2003
291,88 Mio. €	37,77 Mio. €	33,01 Mio. €
-9,25	k. A.	siehe www.meag.com
max. 5,00	max. 5,00	5,00
1,75	1,75	1,50
Solar 29 %, Wind 26 %	Ver-und Entsorgung 29 %	Banken / Versicherungen 19,4 %, Konsum 16,6 %
Vestas Wind Systems 4,7 %, Gamesa Tecnologica 4,7 %	SGS Ste. Générale de Surveillance N 3,3 %, Nalco Holding 3,3 %	General Electric 3,72 %, Procte r & Gamble 2,48 %
Der Fonds verfügt über einen Beirat und verwendet Ausschlusskriterien.	Der Fonds verfügt über einen Beirat und verwendet Ausschlusskriterien.	ausgeschlossene Branchen
Markt-, Gegenpartei-, Liquiditäts-, Abwicklungs- und Währungsrisiko	Markt-, Gegenpartei-, Liquiditäts-, Abwick-lungs-, Währungsrisiko	Einzelwertrisiko, Währungsrisiko

Tabelle 3: Fortsetzung

Firma	Invesco Fondsservice GmbH	Pictet Funds GmbH
Postadresse	Bleichstraße 60-62, D–60313 Frankfurt a. M.	Neue Mainzer Straße 1, D–60311 Frankfurt a. M.
Telefon	D 069 / 29 80 74 00	D 069 / 79 50 090
Website	www.de.invesco.com	pictetfunds.com
E-Mail	info@fra.invesco.com	info@pictetfunds.com
Name des Fonds	Invesco Umwelt und Nachhaltigkeits Fonds	Pictet Funds (LUX)-European Sustainable Equities-P Cap
Fondsart	Nachhaltigkeitsfonds	Nachhaltigkeitsfonds
WKN	847047	750443
Anlagepolitik	Unternehmen, die Nachhaltigkeitskriterien u. a. im Umweltschutz einhalten	Unternehmen, die im MSCI Europe Index enthalten und nachhaltig sind
seit	1990	2002
Fondsvolumen	21 Mio. €	84,1 Mio. €
Wertentwicklung 1 Jahr / 3 Jahre (in %)	-23,39 / 3,09	-18,40 / 5,95
Ausgabeaufschlag (in %)	max. 5,00	max. 5,00
Verwaltungsgebühr (in %)	1,50	0,80
Hauptbranchen	alternative Energien, Umwelt	gemäß MSCI Europe
Wichtigste Einzelwerte	k. A.	HSBC Holdings 4,1 %, Novartis 3,0 %
Besonderheiten	Anlageuniversum = DJ Sustainability Global ex All	Best-in-class-Ansatz, Vorteil: Risikodiversifizierung
Potenzielle Risiken für Anleger	Währungsrisiko, Kursrisiko	Marktrisiko, Wechselkurs- und Zinsschwankungen
	Alle Angaben ohne Gewähr entsprechend den Angaben der Anbieter	

- Das Anlageziel des Sarasin New Power Fund B ist ein langfristiger Vermögenszuwachs durch die Anlage vor allem in Unternehmen, die sich zukunftsgerichtet und innovativ mit der Ressource Energie auseinandersetzen und dabei ökologische und soziale Nachhaltigkeitsaspekte mitberücksichtigen. Insbesondere werden Unternehmen einbezogen, die im Bereich der erneuerbaren Energien wie Wind, Wasser, Biomasse, Sonne oder Geothermie tätig sind.
- Die Manager des Sarasin Sustainable Water Fund A streben einen langfristigen Vermögenszuwachs durch die Anlage vor allem in Unternehmen an, die sich zukunftsgerichtet und innovativ mit der Ressource Wasser auseinandersetzen und dabei ökologische und soziale Nachhaltigkeitsaspekte mitberücksichtigen. Dabei wird die gesamte Wertschöpfungskette des Wassermarkts abgedeckt: Ver- und Entsorgung, Technologien und Dienstleistungen sowie die nachhaltige Wassernutzung durch sparsamen, effizienten Umgang in der Produktion.

Meag Nachhaltigkeit

Das Fondsvermögen wird weltweit überwiegend in etablierte Unternehmen investiert, die einen Beitrag zu einem verantwortungsbewussten Wirtschaftswachstum leisten. Umweltgerechtes und soziales Verhalten der Unternehmen gehören ebenso wie finanzieller Erfolg zu den Auswahlkriterien des Fondsmanagements. Standardwerten werden gezielt innovative Nischenanbieter beigemischt. Firmen, die in der Produktion von Tabak, Alkohol, Rüstung und Waffen sowie im Bereich Glücksspiel tätig sind, werden ausgeschlossen.

Invesco Umwelt und Nachhaltigkeits Fonds

Der von der Invesco Asset Management Deutschland GmbH aufgelegte Fonds investiert weltweit in Unternehmen, die durch die Entwicklung, Herstellung oder den Vertrieb von Produkten oder Dienstleistungen im Umwelttechnologiebereich oder durch die Einhaltung der Nachhaltigkeitskriterien Beiträge zum Umweltschutz leisten.

Pictet Funds (LUX)-Water-P Cap

Der Fonds investiert weltweit in Aktien von Unternehmen der Wasserwirtschaft. Mithilfe von Fachkenntnissen und der Erfahrung des externen Beirats möchte das Investmentteam Unternehmen mit hohem Absatzpotenzial aufspüren.

▶▶▶ In Tabelle 3 auf den Seiten 114 bis 118 sind die Kerninformationen zu den oben vorgestellten Nachhaltigkeitsfonds im Überblick zusammengefasst.

Renten- und Mischfonds

SEB ÖkoRent

Das Fondsmanagement setzt auf Staats- und Unternehmensanleihen internationaler Emittenten sowie supranationaler Institutionen. Alle Emittenten werden hinsichtlich ihrer Umwelt- und

Sozialverträglichkeit analysiert. Nach dem Best-in-class-Ansatz kommen nur diejenigen Emittenten für eine Investition in Frage, die überdurchschnittlich bewertet wurden. Unternehmen oder Staaten, die einer nachhaltigen Entwicklung schaden, werden ausgeschlossen, beispielsweise Firmen, die Waffen produzieren oder Kinderarbeit einsetzen, und Länder, in denen die Todesstrafe toleriert wird.

Dr. Hoeller Prime Values Income

Der Dr. Hoeller Prime Values Income fordert Grundwerte als Fundament für wirtschaftlich erfolgreiche Zusammenarbeit ein. Bei der Investition in Aktien und Anleihen wird darauf geachtet, dass die Unternehmen und Emittenten gesellschaftliches Verantwortungsbewusstsein zeigen und die Grundwerte der Gesellschaft achten. Um das Risiko gering zu halten, wird der Schwerpunkt auf Anleihen gelegt. Aktien von Großunternehmen und Unternehmen mit überdurchschnittlichen Marktchancen dienen zur Steigerung der Rendite. Der Fonds eignet sich nicht nur für Privatanleger, sondern auch für Pensionskassen, Stiftungen und Non-Profit-Organisationen. Die Dr. Höller Vermögensverwaltung und Anlageberatung AG in Zürich wurde bereits mehrfach zur »Besten unabhängigen Vermögensverwaltung der Schweiz« gekürt.

Fünf Fonds der Bank Sarasin & Cie AG

- Der Fonds Sustainable Bond EUR investiert in erstklassige, ausschließlich auf Euro lautende variabel und festverzinsliche Anleihen, deren Emittenten (Länder, Organisationen und Unternehmen) einen Beitrag zu einer nachhaltigen Wirtschaftsweise leisten. Länder zeichnen sich durch eine möglichst geringe und effiziente Nutzung von Umwelt- und Sozialressourcen aus. Organisationen integrieren Nachhaltigkeit bei der Mittelverwendung und messen Erfolg auch unter nachhaltigen Gesichtspunkten. Unternehmen machen ein umweltgerechtes, ökologisch effizientes Management und die proaktive Gestaltung der Beziehungen zu den wesentlichen Anspruchsgruppen zu einem wichtigen Bestandteil ihrer Strategie.

- Die Manager des Sarasin OekoSar Portfolio legen weltweit breit diversifiziert in Aktien sowie fest und variabel verzinslichen Wertpapieren an. Die Papiere stammen von Unternehmen und Organisationen, die einen Beitrag zu einer nachhaltigen Wirtschaftsweise leisten. Die Auswahlkriterien für Länder, Organisationen und Unternehmen entsprechen denen des Sarasin Sustainable Bond. Sarasin OekoSar Portfolio richtet sich als Basisanlage an private und institutionelle Anleger.
- Der Sarasin-FairInvest-Universal-Fonds investiert rund 75 Prozent seiner Gelder in nachhaltige, auf Euro lautende festverzinsliche Wertpapiere erstklassiger Bonität und 25 Prozent in europäische Aktien. Die Aktienanlage erfolgt in Standardwerte, welche ökologisch effizient wirtschaften und sozialverantwortlich handeln. Bis zu einem Viertel der Aktienquote wird in mittelgroße, aussichtsreiche nachhaltige Pionierfirmen investiert. Die Anteilklassen I/I plus sind speziell für institutionelle Anleger mit Ausschüttungsbedarf konzipiert. Bei der Anteilklasse I (Institutionell) ist eine jährliche Ausschüttung der ordentlichen Erträge vorgesehen. Bei der Anteilklasse I plus werden in Jahren positiver Wertentwicklung zusätzlich Teile der erzielten Veräußerungsgewinne zur Ausschüttung herangezo-

gen (bis zu 50 Prozent der Performance). Die Anteilklasse A (Allgemein) folgt demselben Anlagekonzept wie die Anteilklasse I, jedoch gibt es keinen Mindestzeichnungsbetrag. Der Fonds verzichtet aufgrund interner Richtlinien auf Investments in Produzenten von Rüstungsgütern, Kernenergie, Automobilen, Tabakwaren, Chlor- und Agrochemikalien, gentechnisch verändertem Saatgut, Fluggesellschaften sowie Anbieter von Pornographie und Glücksspielen. Ausgeschlossen wird der Kauf von Obligationen von Staaten mit aktivem Lobbying zum Ausbau der Kernenergie, in Staaten mit ABC-Waffen ohne konkrete Abrüstungspläne, in Staaten, welche die Todesstrafe vollstrecken, und in Staaten, die das Kyoto-Protokoll nicht ratifiziert haben.

- Der Sarasin-FairInvest-Bond-Universal-Fonds investiert vornehmlich in auf Euro lautende festverzinsliche Wertpapiere und sucht selektiv Chancen in internationalen Fremdwährungsanleihen. Die Anlage erfolgt breit in nachhaltige Staaten, staatsnahe Institutionen, nationale und internationale Institutionen, Pfandbriefemittenten sowie Unternehmensanleihen. Dadurch wird ein optimales Ertrag-Risiko-Verhältnis für konservative Anleger aus Europa angestrebt. Die Ausschlusskriterien entsprechen denen des Sarasin-FairInvest-Universal-Fonds. Der Sarasin-FairInvest-Bond-Universal-Fonds ist speziell für institutionelle Anleger konzipiert.
- Die Manager des Sarasin OekoFlex (EUR) legen weltweit und breit diversifiziert direkt oder indirekt in Aktien und festverzinsliche Wertpapiere an. Investiert wird in Unternehmen, die einen Beitrag zu einer nachhaltigen Wirtschaftsweise leisten, wobei einzelne Branchen ausgeschlossen werden können. Anlagen in andere offene Anlagefonds sind bis zu 100 Prozent

des Nettofondsvermögens möglich. Ein Nachhaltigkeitsbeirat unterstützt den Anlageverwalter in Bezug auf Konzept und Auswahlkriterien. Die Referenzwährung des Fonds ist der Euro. Dies bedeutet, dass eine Optimierung des in Euro berechneten Anlageerfolgs angestrebt wird. Sarasin OekoFlex (EUR) richtet sich als Basisanlage an private Anleger.

Zwei Fonds der Swisscanto

- Der Fonds Swisscanto (LU) Portfolio Fund Green Invest Balanced (EUR) A investiert weltweit in Aktien, Obligationen und Geldmarktinstrumente. Es werden ausschließlich Emittenten berücksichtigt, die den Grundsätzen der ökologischen und sozialen Nachhaltigkeit Folge leisten. Der Aktienanteil liegt dabei zwischen 40 und 60 Prozent. Mit der breiten Streuung von Aktien und Obligationen soll das Risiko im Vergleich mit einer Investition in eine Einzelanlage reduziert werden.
- Der Swisscanto (LU) Portfolio Fund Green Invest Yield (EUR) A investiert weltweit in Aktien, Obligationen und Geldmarktinstrumente. Auch hier werden nur Emittenten berücksichtigt, die die Grundsätze der ökologischen und sozialen Nachhaltigkeit befolgen. Der Aktienanteil liegt zwischen 10 und 30 Prozent. Mit der breiten Streuung von Obligationen und Aktien reduziert sich das Risiko im Vergleich mit einer Investition in eine Einzelanlage. Der Fonds richtet sich an die gleiche Anlegergruppe wie der Swisscanto (LU) Portfolio Fund Green Invest Balanced (EUR) A.

Drei Fonds der cominvest Asset Management GmbH

- Das Management des cominvest Klima Safe Kick 1/2014 investiert in Wertpapiere, die eine Beteiligung an der positiven Wertentwicklung eines Aktienkorbs ermöglichen, der aus Unternehmen besteht, die in den Bereichen alternative Energien sowie verwandte Technologien tätig sind. Bei steigenden Kursen partizipiert der Anleger zu 50 Prozent an der positiven Wertentwicklung nach zwei Jahren und zu 46 Prozent an der positiven Wertentwicklung nach sechs Jahren. Bei Kursrückgängen erhält er am Ende der Laufzeit mindestens den Fondsanteilswert am Ausgabetag zurück (abzüglich Ausgabeaufschlag). Der Fonds eignet sich somit für den konservativ orientierten Anleger, der von den Chancen der internationalen Kapitalmärkte profitieren und dabei sein Kapital absichern möchte.
- Das Management des cominvest Green Energy Protect 3/2013 investiert in die Sektoren Umwelttechnik und alternative Energien. Dabei greift das sogenannte Wertsicherungsprinzip: Bei steigenden Kursen partizipiert der Anleger an der positiven durchschnittlichen Wertentwicklung des zugrunde liegenden Aktienkorbs aus mindestens 15 internationalen Unternehmen. Bei Kursrückgängen erhält er am Ende der Laufzeit mindestens den Fondsanteilswert am Ausgabetag (abzüglich Ausgabeaufschlag) zurück. Der Fonds eignet sich somit für den sicherheitsorientierten Anleger, der Chancen nutzen und dabei zugleich sein Kapital absichern möchte.
- Das Vermögen des cominvest Wasser-Aktien Protect 1/2012 wird in die Sektoren Wasserwirtschaft, Wasserversorgung, Trinkwassererzeugung sowie Energieerzeugung aus Wasserkraft

investiert. Dabei greift das sogenannte Wertsicherungsprinzip: Bei steigenden Kursen partizipiert der Anleger an der positiven Wertentwicklung des Aktienkorbs aus mindestens 15 internationalen Unternehmen. Bei Kursrückgängen erhält er am Ende der Laufzeit mindestens den Fondsanteilswert am Ausgabetag (abzüglich Ausgabeaufschlag) zurück. Der Fonds eignet sich für den sicherheitsorientierten Anleger, der von den Chancen der Wassermärkte profitieren und zugleich sein Kapital absichern möchte.

Die vorgestellten Cominvest-Fonds sind keine klassischen Renten- oder Mischfonds, sondern statische Wertsicherungsfonds. Es handelt sich um Themenfonds mit den Schwerpunkten Klima, alternative Energien und Wasser.

AXA WF Responsible Development Bonds A EUR

Dieser Fonds ist auf Anleger abgestimmt, die an einer nachhaltigen Entwicklung und Solidarität von Wirtschaftsbetrieben auf lokaler und globaler Ebene interessiert sind. Investiert wird in internationale Anleihen und Schuldverschreibungen mit einer attraktiven Wachstumsaussicht über einen Dreijahreszeitraum.

Ökotrend Bonds world Lux S.A.

Dieser Rentenfonds der Ökoworld Lux S. A. investiert ausschließlich in Staatsanleihen. Es werden nur Anleihen von Ländern berücksichtigt, deren Bonität von einer anerkannten Rating-Agentur mit mindestens AA (oder entsprechend) bewertet wurde. Währungsrisiken werden grundsätzlich abgesichert. Investiert wird vornehmlich in kurz- bis mittelfristige Euro-Anleihen, bevorzugt in Staaten mit einer besonders sozial, ökologisch und ethisch ausgerichteten Politik. Ein unabhängiger Anlageausschuss bewertet den Grad der Nachhaltigkeit anhand umfangreicher Daten der oekom research AG. Das Bewertungsergebnis schlägt sich in einer Rangfolge nieder. Das Fondsmanagement investiert sehr hoch in die mit den Bestnoten 1 und 2 bewerteten Staaten. Durch eine aktive und systematische Steuerung der Laufzeitstruktur der Anleihen soll das Fondsvermögen abgesichert werden.

Kepler Ethik Rentenfonds

Dieser Fonds der Kepler Fonds KAG berücksichtigt besondere ethische Kriterien. Anlageschwerpunkt sind Anleihen internationaler Emittenten, die auf Euro-Basis abgesichert werden und deren Rating im sogenannten Investment-Grade-Bereich (AAA bis BBB) liegt. Der Fonds ist auf Privatpersonen mit moralischem Anspruch in ihren Renteninvestments sowie auf Klöster und kirchennahe Institutionen ausgerichtet. Kepler gehört im deutschsprachigen Raum zu den Erstunterzeichnern der Transparenzleitlinien des Dachverbandes Eurosif für Nachhaltigkeitsfonds.

Vier Fonds des Bankhauses Schelhammer & Schattera KAG

- Für den Superior 1 Ethik-Fonds Renten der ältesten Privatbank Wiens und Bank der römisch-katholischen Kirche in Österreich werden überwiegend fest und variabel verzinsliche Schuldverschreibungen sowie Pfand- und Kommunalbriefe von nachhaltig ausgerichteten Emittenten erworben. Die Aus-

Fortsetzung Seite 136

Tabelle 4: Die wichtigsten grünen Renten- und Mischfonds*

Firma	SEB Asset Management	Dr. Höller Vermögensverwaltung GmbH
Postadresse	Rotfeder-Ring 7, D–60327 Frankfurt a. M.	Wiedner Hauptstraße 15/2/3, A–1040 Wien
Telefon	D 01801/77 79 99	AT 01/512 24 34
Website	www.sebassetmanagement.de	www.dr-hoeller.at
E-Mail	info@sebam.de	office@dr-hoeller.at
Name des Fonds	SEB ÖkoRent	Dr Hoeller PRIME VALUES Income
Fondsart	Rentenfonds	Mischfonds (max. 30 % Aktien)
WKN	971297	986054
Anlagepolitik	internationale Anleihen von Emittenten mit ethisch-ökologischen Anlagegrundsätzen	ethisch proaktive Unternehmen mit guten Finanzkennzahlen
seit	1989	1995
Fondsvolumen	23,7 Mio. €	90 Mio. €
Wertentwicklung 1 Jahr / 3 Jahre (%)	-1,59 / -8,89	-5,46 / 1,73 (per 27. 8. 2008)
Ausgabeaufschlag (in %)	3,00	max. 5,00
Verwaltungsgebühr (in %)	0,70	1,55
Hauptbranchen	Staatsanleihen, Pfandbriefe, Unternehmensanleihen	wechselnd; zurzeit: Finanz, Konsumgüter antizyklische Werte, Bauindustrie
Wichtigste Einzelwerte	k. A.	Bonds: Königreich Dänemark 7,9 %, France Télécom 5,3 %
Besonderheiten	Positiv- und Negativkriterien	unabhängiges Ethik-Komitee
Potenzielle Risiken für Anleger	Zins-, Währungs- und Bonitätsrisiken	vor allem Zinsänderungs-, Performance- und Währungsrisiko
	Alle Angaben ohne Gewähr entsprechend den Angaben der Anbieter	

*Erläuterungen zu den Symbolen »Blitz« und »Baum« finden Sie auf den Seiten 46 f. und 51 ff.

Bank Sarasin & Cie AG	Bank Sarasin & Cie AG	Bank Sarasin & Cie AG
Elisabethenstrasse 62 CH–4002 Basel	Elisabethenstrasse 62 CH–4002 Basel	Elisabethenstrasse 62 CH–4002 Basel
CH 061/27 77 777	CH 061/27 77 777	CH 061/27 77 777
www.sarasin.de	www.sarasin.de	www.sarasin.de
info@sarasin.de	info@sarasin.de	info@sarasin.de
Sustainable Bond EUR	Sarasin OekoSar Portfolio	Sarasin-FairInvest-Universal-Fonds
Rentenfonds	Mischfonds	Mischfonds
1530998	174851	531712
Anleihen nachhaltig wirtschaftender Emittenten	nachhaltig wirtschaftende Unternehmen/ Organisationen	nachhaltig wirtschaftende Unternehmen/ Organisationen
06.01.2003	16.02.1994	30.03.2001
51,79 Mio. €	247,25 Mio. €	122,98 Mio. €
1,22 / -2,88	-12,13 / -0,39	-3,78 / 2,89
max. 5,00	max. 5,00	max. 5,00
1,00	1,75	0,95
k. A.	k. A.	k. A.
Bundesimmobilien Gesellschaft, Nederlandse Waterschapsbank	Österreich, Schweden, Nee Energien, Bank of Scotland	Schweden, Großbritannien, Bundesimmobilien Gesellschaft
Der Fonds verfügt über einen Beirat und verwendet Ausschlusskriterien.	Der Fonds verfügt über einen Beirat und verwendet Ausschlusskriterien.	Der Fonds verfügt über einen Beirat und verwendet Ausschlusskriterien.
Markt-, Gegenpartei-, Liquiditäts-, Abwicklungs- und Währungsrisiko	Markt-, Gegenpartei-, Liquiditäts-, Abwicklungs- und Währungsrisiko	Markt-, Gegenpartei-, Liquiditäts-, Abwicklungs- und Währungsrisiko

Tabelle 4: Fortsetzung

Firma	Bank Sarasin & Cie AG	Bank Sarasin & Cie AG
Postadresse	Elisabethenstrasse 62 CH–4002 Basel	Elisabethenstrasse 62 CH–4002 Basel
Telefon	CH 061/27 77 777	CH 061/27 77 777
Website	www.sarasin.de	www.sarasin.de
E-Mail	info@sarasin.de	info@sarasin.de
Name des Fonds	Sarasin-FairInvest-Bond-Universal-Fonds	Sarasin OekoFlex (EUR)
Fondsart	Renten	Superfonds
WKN	662307	3570239
Anlagepolitik	nachhaltig wirtschaftende Unternehmen/ Organisationen	Unternehmen mit nachhaltiger Wirtschaftsweise
seit	02.12.2002	31.01.2008
Fondsvolumen	23,88 Mio. €	6,41 Mio. €
Wertentwicklung 1 Jahr / 3 Jahre (%)	0,6 / 0,52	k. A.
Ausgabeaufschlag (in %)	max. 3,50	max. 5,00
Verwaltungsgebühr (in %)	0,85	1,95
Hauptbranchen	k. A.	k. A.
Wichtigste Einzelwerte	Österreichische Bundesbahnen, Infrastruktur Bau, Österreich	Sarasin-FairInvest-Bd-Uni-Fds, ESPA VINIS Stock Global Cap
Besonderheiten	Der Fonds verfügt über einen Beirat und verwendet Ausschlusskriterien.	Der Fonds verfügt über einen Beirat.
Potenzielle Risiken für Anleger	Markt-, Gegenpartei-, Liquiditäts-, Abwicklungs- und Währungsrisiko	Markt-, Gegenpartei-, Liquiditäts-, Abwicklungs- und Währungsrisiko
	Alle Angaben ohne Gewähr entsprechend den Angaben der Anbieter	

Swisscanto Fondsleitung AG	Swisscanto Fondsleitung AG	cominvest Asset Management GmbH
Waisenhausstr. 2 CH–8021 Zürich	Waisenhausstr. 2 CH–8021 Zürich	Platz der Einheit 1 D–60327 Frankfurt a. M.
CH 058 /34 44 470	CH 058 /34 44 470	D 069 /1301-18 88
www.swisscanto.ch	www.swisscanto.ch	www.cominvest.de
sales_services@swiss-canto.ch	sales_services@swiss-canto.ch	unternehmenskommunika-tion@cominvest.de
Swisscanto (LU) Portfolio Fund Green Invest Balanced (EUR)	Swisscanto (LU) Portfolio Fund Green Invest Yield (EUR)	cominvest Klima Safe Kick
Mischfonds	Rentenfonds	statischer Wert-sicherungsfonds
A0DQU0	A0MLEQ	A0M5WP
ökologisch und sozial nachhaltige Aktien, Obligationen und Geld-marktinstrumente	ökologisch und sozial nachhaltige Aktien, Obligationen und Geld-marktinstrumente	alternative Energien und verwandte Technologien
2005	2007	2008
265 Mio. CHF	28 Mio. CHF	38 Mio. €
-9,00 / 11,00	-3,79	-7,4 (seit Auflage)
max. 5,00	max. 5,00	4,00
1,50	1,30	0,60 (im Mittel)
alternative Energien, Ge-sundheit, Technologie	alternative Energien, Ge-sundheit, Technologie	alternative Energien, ver-wandte Technologien
Solarworld, Nippon Tel., Verbund , Österreich, KFW AG	Niederlande, Groß-britannien, Deutschland, Schleswig-Holstein	k. A.
unabhängiger Nach-haltigkeitsbeirat, erfahrenes Research	unabhängiger Nach-haltigkeitsbeirat, erfahrenes Research	Anteilscheinerwerb nicht mehr möglich
Währungs-, Zinsänderungs,-Emittenten- und Kursrisiko	Währungs-, Zinsänderungs,-Emittenten- und Kursrisiko	Zinsänderungs-, Aktienmarkt-und Derivaterisiko

Tabelle 4: Fortsetzung

Firma	cominvest Asset Management GmbH	cominvest Asset Management GmbH
Postadresse	Platz der Einheit 1 D–60327 Frankfurt a. M.	Platz der Einheit 1 D–60327 Frankfurt a. M.
Telefon	D 069 /1301-18 88	D 069 /1301-18 88
Website	www.cominvest.de	www.cominvest.de
E-Mail	unternehmenskommunikation@cominvest.de	unternehmenskommunikation@cominvest.de
Name des Fonds	cominvest Green Energy Protect	cominvest Wasser-Aktien Protect
Fondsart	statischer Wertsicherungsfonds	statischer Wertsicherungsfonds
WKN	A0LF53	A0J4EA
Anlagepolitik	Umwelttechnik und alternative Energien	Wasserwirtschaft, Trinkwasser-/Energieerzeugung
seit	2007	2007
Fondsvolumen	22 Mio. €	36 Mio. €
Wertentwicklung 1 Jahr / 3 Jahre (%)	-2,1	4,50
Ausgabeaufschlag (in %)	4,00	4,00
Verwaltungsgebühr (in %)	0,50 (im Mittel)	0,60 (im Mittel)
Hauptbranchen	Umwelttechnologien und alternative Energien	Wasserwirtschaft, Trinkwasser-/Energieerzeugung
Wichtigste Einzelwerte	k. A.	k. A.
Besonderheiten	Anteilscheinerwerb nicht mehr möglich	Anteilscheinerwerb nicht mehr möglich
Potenzielle Risiken für Anleger	Zinsänderungs-, Aktienmarkt- und Derivaterisiko	Zinsänderungs-, Aktienmarkt- und Derivaterisiko
	Alle Angaben ohne Gewähr entsprechend den Angaben der Anbieter	

AXA Investment Managers	ÖKOWORLD Lux S. A.	KEPLER-FONDS KAG
Bleichstr. 2-4 D–60313 Frankfurt a. M.	Liebigstraße 11-13 D–40721 Hilden	Europaplatz 1a A–4020 Linz
D 069/90 025-0	D 02103/28 41-0	AT 0732/6596-53 14
www.axa-im.de	www.oekoworld.com	www.kepler.at
clientserviceifa@axa-im.com	info@oekoworld.com	info@kepler.at
AXA WF Responsible Development Bonds	ÖKOWORLD ÖKOTREND BONDS	KEPLER Ethikfonds
Rentenfonds	Rentenfonds	Rentenfonds
633817	A0BLJX	81500 64263
übertragbare Schuldverschreibungen, langfristig nachhaltige Entwicklung	verzinsliche Staatsanleihen von Ländern mit einer Bonität von mindestens AA	Renten mit Nachhaltigkeit und ethischen Kriterien
2002	k. A.	2003
13 Mio. €	9,758 Mio. €	50 Mio. €
2,7/6,8 / per 31. 7. 2008)	-1,52 / -0,55	0,01 / 2,57
5,50	3,50	3,00
0,90	0,55	0,60
Regierungen und supranationale Organisationen	k. A.	Banken/Finanzdienstleister/ Versicherungen 48,24 %
k. A.	k. A.	3,8 % OEKB 3,7 % ICELD
k. A.	ökologische, ethische und soziale Kriterien	eigener Ethikbeirat (mit Diözese Linz)
Markt-,Zinsänderungs-, Emittenten-, Währungs- und Kursrisiko	k. A.	Emittentenrisiko, Zinsänderungsrisiko

Tabelle 4: Fortsetzung

Firma	Bankhaus Schelhammer & Schattera KAG	Bankhaus Schelhammer & Schattera KAG
Postadresse	Bräunerstraße 3/2/6 A–1010 Wien	Bräunerstraße 3/2/6 A–1010 Wien
Telefon	AT 01/53 38 095	AT 01/53 38 095
Website	www.schelhammer.at/fonds	www.schelhammer.at/fonds
E-Mail	kag.office@schelhammer.at	kag.office@schelhammer.at
Name des Fonds	SUPERIOR 1 – Ethik Renten (A)	SUPERIOR 3 – Ethik (A)
Fondsart	Rentenfonds	Mischfonds
WKN	AT0000855606	AT0000904909
Anlagepolitik	Sicherheit, Ertrag, ethische Verantwortlichkeit	Erhaltung und Mehrung des Kapitals, ethische Verantwortlichkeit
seit	08.05.1989	18.11.1991
Fondsvolumen	98,057 Mio. €	92,123 Mio. €
Wertentwicklung 1 Jahr / 3 Jahre (%)	0,87 / -0,51	-1,61 / 0,97
Ausgabeaufschlag (in %)	2,50	2,50
Verwaltungsgebühr (in %)	0,45	0,60
Hauptbranchen	Finanzwerte	Gesundheit, Finanzwerte, Energie
Wichtigste Einzelwerte	ING 5,6 %, ABN 4,7 %, CS 4,2 %	ING 4,8 %, BG Group 0,70 %, Verbund 0,60 %
Besonderheiten	Ethikbeirat	Ethikbeirat
Potenzielle Risiken für Anleger	Emittentenrisiko, Zinsänderungsrisiko, Kursrisiko	Kursrisiko, Zinsänderungsrisiko, Marktrisiko
	Alle Angaben ohne Gewähr entsprechend den Angaben der Anbieter	

Bankhaus Schelhammer & Schattera KAG	**Bankhaus Schelhammer & Schattera KAG**
Bräunerstraße 3/2/6 A–1010 Wien	Bräunerstraße 3/2/6 A–1010 Wien
AT 01/53 38 095	AT 01/53 38 095
www.schelhammer.at/fonds	www.schelhammer.at/fonds
kag.office@schelhammer.at	kag.office@schelhammer.at
SUPERIOR 5 – Ethik Geld (T)	SUPERIOR 2 – Ethik Mix (A)
Geldmarktnaher Rentenfonds	Mischfonds
AT0000A01UR5	AT0000855614
geldmarktorientierter Ertrag, Risikostreuung, Ethik	Ethik, Wachstum des Vermögens bei überschaubarem Risiko
16.10.2006	10.07.1989
6,732 Mio. €	18,573 Mio. €
1,72	-7,66/1,2
0,50	4,00
0,24	0,60
Finanzwerte	Gesundheit, Finanzwerte, Energie
Deutsche Bank 8,5 %, OEVAG 5,6 %, Danske Bank 5,5 %	österreichische Bundesanleihen 3,90 %, SAP 1,8 %, BG Group 1,7 %
Ethikbeirat	Ethikbeirat
Zinsänderungsrisiko, Marktrisiko, Kreditrisiko	Kursrisiko, Zinsänderungsrisiko, Marktrisiko

wahl der Wertpapiere – vorwiegend in Euro – erfolgt einerseits mittels einer »konventionellen« Finanzanalyse, die auf Bonität ausgerichtet ist, andererseits auf der Basis der von einem unabhängigen Ethikbeirat festgelegten Ausschlusskriterien und Anforderungen an Schuldner. Eine renommierte Rating-Agentur trifft eine Vorauswahl. Die Kandidaten werden vor allem anhand der Aspekte Sicherheit, Liquidität, Ertrag und ethische Verantwortlichkeit geprüft.

- Der Superior 3 Ethik ist ein Anlagestrategiefonds mit Schwergewicht Obligationen und einem maximalen Aktienanteil von 20 Prozent des Fondsvermögens. Langfristiges Anlageziel ist die Erhaltung und Mehrung des eingesetzten Kapitals unter Beachtung ethischer Gesichtspunkte.
- Der Superior 5 Ethik Geld ist ein geldmarktnaher Fonds, der in Anleihen mit variabler Verzinsung, Anleihen mit fixer Verzinsung und kurzer Restlaufzeit sowie in Geldmarktpapiere nachhaltig ausgerichteter Emittenten ausschließlich in Euro investiert.
- Im Rahmen des Superior 2 Ethik Mix werden Forderungs- und Beteiligungspapiere von nachhaltig wirtschaftenden Unternehmen in einem flexiblen, in der Tendenz aber ausgeglichenen Verhältnis erworben. Große Teile des Fondsvermögens werden in Hartwährungsanleihen und qualitativ hochwertigen Aktien anerkannter internationaler Märkte angelegt. Mit einem Teil des Fondsvermögens wird versucht, kurzfristige Chancen bei vertretbarem Risiko zu nutzen.

▶▶▶ **In Tabelle 4 auf den Seiten 128 bis 135 sind die Kerninformationen zu den oben vorgestellten Renten- und Mischfonds im Überblick zusammengefasst.**

Die Guten ins Körbchen: 14 Zertifikate auf Aktienindizes

Grüne Aktienindexzertifikate gibt es seit 1999. Generell sind Indexzertifikate börsennotierte Schuldverschreibungen von Banken, deren Wertentwicklung an einen Korb (»basket«) von Aktien gekoppelt ist. Der Wert des Korbs wiederum schwankt mit den Kursen der in ihm enthaltenen Aktien. Indexzertifikate haben in der Regel eine feste Laufzeit von meist drei bis fünf Jahren. Während dieser Laufzeit können sie jederzeit gekauft und verkauft werden. Anleger, die nicht auf einzelne Aktien setzen wollen, erhalten durch Indexzertifikate die Möglichkeit, am Erfolg einer Branche oder einer definierten Gruppe von Unternehmen teilzunehmen. Ähnlich wie bei Investmentfonds wird das Anlagerisiko also gestreut.

Aktienindexzertifikate sind eine Anlagealternative zu gemanagten Investmentfonds. Es fällt kein Ausgabeaufschlag an, sondern nur eine geringere Handelsspanne, die sogenannte Geld-/Brief-Spanne. Auch die Verwaltungsgebühren sind geringer.

Im Gegensatz zu Investmentfonds müssen Zertifikate keine langwierigen Genehmigungsverfahren durchlaufen. Sie können relativ schnell aufgelegt und auf den Markt gebracht werden. Daher sind sie für die Emissionshäuser ein Instrument, um schnell neue Marktentwicklungen aufzugreifen.

Rechtlich gesehen handelt es sich bei Zertifikaten um Schuldverschreibungen beziehungsweise Anleihen. Zwar werden die meisten Zertifikate von finanziell soliden Banken ausgegeben, dennoch sollte sich jeder Anleger dieses Risikos bewusst sein und sich mit der Bonität des Emittenten vertraut machen. Während der Anleger bei Aktien und Aktienfonds Miteigentümer am

Unternehmen oder Fonds wird, erwirbt er bei einem Indexzertifikat lediglich das Recht, an der Wertentwicklung von Indizes beteiligt zu werden.

Beispiel

Nach der Insolvenz der Investmentbank Lehman Brothers im September 2008 musste der Handel mit den von der Bank ausgegebenen Zertifikaten zunächst ausgesetzt werden. Unter Umständen müssen die Investoren mit einem Totalausfall der Zertifikate rechnen.

Zertifikate unterliegen somit nicht dem Schutz, den Anlagen in Fonds (die Sondervermögen der die Fondsanteile ausgebenden Kapitalanlagegesellschaften darstellen) oder Einlagen bei Banken (die durch Einlagensicherungsfonds abgesichert sind) genießen.

Zwei Zertifikate der HSBC Trinkaus & Burkhardt AG

- Das *Open-End-Zertifikat Alternative Energien* (Open End-Zertifikate sind Zertifikate mit unbegrenzter Laufzeit) bezieht sich auf Unternehmen, die in der gesamten Wertschöpfungskette des Bereichs alternative Energien tätig sind. Auch Unternehmen, die zur Steigerung der Energieeffizienz beitragen, können in den zugrunde liegenden Index aufgenommen werden. Anfänglich umfasst dieser 15 Basiswerte. Je nach der aktuellen Marktlage kann die Zusammensetzung jeweils am letzten Geschäftstag der Monate April und Oktober verändert werden – durch Neuaufnahme, Austausch oder die Neugewichtung einzelner Basketkomponenten. Das ermöglicht eine flexible Reaktion auf Veränderungen der Marktbedingungen.

- Das *Klimaschutz-Strategie-Zertifikat* basiert auf Unternehmen, die im Bereich der Entwicklung oder Herstellung von neuen Techniken, Verfahren, Geräten oder Anlagen zur Gewinnung konventioneller (fossiler) Energieträger tätig sind. Auch Unternehmen, die konventionelle Energieträger mit dem Ziel der Dezentralisierung der Energieversorgung oder der Effizienzsteigerung verarbeiten, können sich in diesem Aktienbasket wiederfinden – insbesondere Unternehmen, die die Reduzierung von Treibhausgasen und sonstigen Emissionen vorantreiben, und Gesellschaften, deren Unternehmenspolitik Klimaschutz oder Nachhaltigkeit umfasst. Der Aktienkorb umfasst anfänglich 14 Basiswerte. Wie beim Alternative-Energien-Zertifikat kann er verändert werden.

Drei Zertifikate der WestLB AG

- Mit dem *Open-End-Zertifikat New Energy Active* nimmt der Anleger exakt proportional an der Wertentwicklung zehn anfänglich gleich gewichteter Unternehmen teil, die überwiegend im Bereich erneuerbare Energien tätig sind. Zu Beginn eines jeden Quartals wird die Zusammensetzung des Aktienkorbs überprüft und gegebenenfalls angepasst. So kann das Zertifikat flexibel an die laufende Marktentwicklung angepasst werden. Die Problematik der globalen Erderwärmung, Öl- und Gaspreise auf Rekordständen und die Endlichkeit fossiler Brennstoffe haben die Investitionen in regenerative Energien in den letzten Jahren weltweit stark ansteigen lassen. Es wird erwartet, dass sich die Nachfrage nach alternativen Energiequellen auch künftig auf hohem Niveau bewegen wird.

- Beim *Open-End-Wassertechnik-Active-Zertifikat* nimmt der Anleger exakt proportional an der Wertentwicklung zehn anfänglich gleich gewichteter Unternehmen teil, die überwiegend in den Bereichen Wasserversorgung oder Wasseraufbereitung tätig sind. Zu Beginn eines jeden Quartals wird die Zusammensetzung des Aktienkorbs überprüft und gegebenenfalls angepasst. So kann das Zertifikat flexibel auf die jeweiligen Marktumstände reagieren. Die knappen Trinkwasserressourcen weltweit in Verbindung mit einer steigenden Weltbevölkerung sowie die vielfach veraltete Infrastruktur sprechen für steigende Investitionen in die Wasserversorgung in den nächsten Jahren. Hiervon können ausgewählte Unternehmen aus dem Bereich Wassertechnik profitieren.
- Das *Open-End Dow Jones EuroSTOXX® Sustainability Index-Zertifikat* beruht auf dem Gedanken, dass Sustainability (oder auch Corporate Social Responsibility) ein für alle Unternehmen relevantes Thema ist. Viele Unternehmen haben verstanden, dass ihr Überleben und somit die Nachhaltigkeit ihrer Existenz davon abhängt, inwieweit sie die »Zeichen der Zeit« richtig deuten – und so letztlich Wettbewerbsvorteile gewinnen. Investitionen in Umweltschutz, Arbeitsplatzsicherheit und Weiterbildung sind daher Kriterien eines überdurchschnittlichen unternehmerischen Verantwortungsbewusstseins.

Sechs Zertifikate der Raiffeisen Centrobank AG

- Die beiden *Open-End-Zertifikate auf den SBOX Alternative Energien* beruhen auf der folgenden Überlegung: Aktuell wird innerhalb der EU über die Hälfte des Stroms auf der Basis von

Atomenergie sowie von fossilen Brennstoffen gewonnen. Um Fortschritte zu ermöglichen, hat die Europäische Union Ziele für erneuerbare Energien festgelegt, unter anderem eine Steigerung von deren Anteil an der Stromerzeugung von 14 Prozent im Jahr 2000 auf 22 Prozent im Jahr 2010. Die Zertifikate sind Angebote, sich in dieser Wachstumsbranche zu positionieren. Der zugrunde liegende SBOX®-Alternative-Energien-Index wird in Euro berechnet und umfasst unter anderem die Branchen Solar, Wind, Bioenergie und Erdgas.

- Mehr als eine Milliarde Menschen haben keinen direkten Zugang zu Trinkwasser. Durch den nach wie vor schnellen Anstieg der Weltbevölkerung verschärft sich die Situation. Daher zählt die Versorgung mit sauberem Trinkwasser zu den wichtigsten Herausforderungen der Menschheit. Der dem *Open-end-Zertifikat SBOX Wasser Index* zugrunde liegende gleichnamige Index setzt sich zu Laufzeitbeginn zu gleichen Teilen aus zehn Unternehmen zusammen, deren Hauptgeschäftsfeld in den Bereichen Wasseraufbereitung und Wasserversorgung liegt. Um eine möglichst ausgewogene Struktur zu erreichen, ist der Anteil einer Aktie auf maximal 15 Prozent und minimal 7 Prozent begrenzt. Die Indexgewichtung und -zusammensetzung wird vom Indexkomitee einmal jährlich überprüft und gegebenenfalls angepasst. Das Zertifikat gibt Anlegern die Chance, diversifiziert und ohne Laufzeitbegrenzung von seiner Performance zu profitieren.
- Dem *Open-End-Zertifikat SBOX Klimaschutz* liegt der Gedanke zugrunde, dass immer häufigere Wetteranomalien auf eine starke Veränderung des Klimasystems hindeuten. Besonders spürbar ist die sehr schnelle Erwärmung der Erdoberfläche. Die Produktion und Nutzung von Maschinen, Autos,

Flugzeugen, Computern und Handys, die Förderung von Bodenschätzen, die Verbrennung von Kohle, Gas und Öl, die Abholzung der Wälder und die Massentierhaltung setzen Treibhausgabe frei und belasten das globale Klima. Die Bank ermöglicht mit dem Zertifikat breit gefächerte Investments.

- Das *Open-End-Zertifikat auf den Dow Jones Euro STOXX Sustainability 40* bezieht sich auf die größten Unternehmen der Eurozone, die im Dow Jones STOXX Sustainability® Index enthalten sind. Die Unternehmen werden systematisch nach ihrer Nachhaltigkeit bewertet. Die zugrunde liegende Research-Methode gilt für allgemeine wie auch für branchenspezifische Nachhaltigkeitstrends. Die Unternehmen werden anhand einer Vielzahl von Kriterien bewertet, wie Klimaveränderungen, Energiekonsum, Human Resources, Wissensmanagement, Stakeholder Relationship und Corporate Governance. Mit dem Indexzertifikat der Raiffeisen Centrobank partizipieren Anleger eins zu eins, ohne Laufzeitbegrenzung und ohne Managementgebühr an der Entwicklung des Index.
- In einer Zeit immer stärkerer Technisierung der Umwelt gewinnt der Naturwerkstoff Holz zunehmend an Bedeutung, nicht zuletzt aufgrund der steigenden internationalen Nachfrage nach der Energiequelle Holz. Als Nachweis für nachhaltige Bewirtschaftung können sich Unternehmen der Forstwirtschaft seit einigen Jahren zertifizieren lassen. Im *Indexzertifikat SBOX Nachhaltige Forstwirtschaft* sind Unternehmen enthalten, die anerkannte Zertifikate nachweisen können. Mit dem Zertifikat haben Anleger die Chance, diversifiziert und ohne Laufzeitbegrenzung in die wichtigsten Unternehmen aus der Forstwirtschaft und der holzverarbeitenden Industrie zu investieren und

von der stetigen Nachfrage nach dem Rohstoff Holz zu profitieren. Der zugrunde liegende Kursindex besteht zu Laufzeitbeginn aus zehn Aktien.

Drei Zertifikate der UBS

- Der dem Zertifikat *Ardour Global Alternative Energy Extra Liquid TR Index EUR* zugrunde liegende Index umfasst die 30 liquidesten Unternehmen, die entlang der gesamten Wertschöpfungskette der alternativen Energieerzeugung tätig sind und im Geschäftsfeld alternative Energie mehr als 50 Prozent ihres Gesamtumsatzes erwirtschaften. Der Index wird im Vierteljahresrhythmus angepasst, so dass auch Titel neu aufgenommen werden können, die den Auswahlkriterien entsprechen.
- Das *Open-End-Zertifikat UBS Diapason Global Biofuel Excess Return Index (EUR)* beruht auf einem von der UBS gemeinsam mit Diapason Commodities entwickelten, breit diversifizierten internationalen Biokraftstoff-Index. Die Indexgewichtung entspricht der Bedeutung der einzelnen Rohstoffe in der Herstellung von Äthanol und Biodiesel und berücksichtigt die Liquidität der zugrunde liegenden Rohstoff-Terminkontrakte.
- Das *Zertifikat auf den UBS Global Water Utilities TR Index* bezieht sich auf ein breit diversifiziertes Portfolio von Unternehmen, die in der Wasseraufbereitung und -versorgung aktiv sind oder die Effizienz des Gebrauchs von Wasser erhöhen. Der Index wird nach Vorgaben von UBS von Standard & Poor's zusammengestellt und berechnet. Nur Aktien, die strenge Kriterien beispielsweise bezüglich Marktkapitalisierung und Produktangebot erfüllen, werden aufgenommen. Die Indexgewichtung

Fortsetzung Seite 150

Tabelle 5: Die wichtigsten Zertifikate auf grüne Aktienindizes*

Firma	HSBC Trinkaus & Burkhardt AG	HSBC Trinkaus & Burkhardt AG
Postadresse	Königsallee 21/23 D–40212 Düsseldorf	Königsallee 21/23 D–40212 Düsseldorf
Telefon	D 0800/40 00 91 00	D 0800/40 00 91 00
Website	www.hsbc-zertifikate.de	www.hsbc-zertifikate.de
E-Mail	zertifikate@hsbctrinkaus.de	zertifikate@hsbctrinkaus.de
Name des Zertifikats bzw. Basiswerts	Alternative Energien	Klimaschutz
WKN	TB0QXY	TB0QXZ
Kurzprofil	Unternehmen aus dem Bereich alternative Ernergien	Entwicklungsunternehmen im Bereich konventionelle Energieträger
Auflagedatum / Fälligkeit	06.03.2007 / open end	06.03.2007 / open end
Emissionspreis	99,00 €	98,80 €
Durchschnittliche Wertentwicklung seit Auflage (in %)	-1,30	13,34
Ausgabeaufschlag (in %)	nein	nein
Geld-Brief-Spanne	ca. 1,00 %	ca. 1,00 %
Hauptbranchen	Zukunftstechnologien	Zukunftstechnologien
Wichtigste Einzelwerte bei Ausgabe	Renewable Energies, Gamesa, Archer-Daniels-Midland	Anadarko Petroleum, Gas Natural, Emerson Elektrik
Potenzielle Risiken für Anleger	Währungsrisiko, Emittentenrisiko, Kursrisiko	Währungsrisiko, Emittentenrisiko, Kursrisiko
	Alle Angaben ohne Gewähr entsprechend den Angaben der Anbieter	

*Erläuterungen zu den Symbolen »Blitz« und »Baum« finden Sie auf den Seiten 46 f. und 51 ff.

WestLB AG	WestLB AG	WestLB AG
Herzogstraße 15 D–40217 Düsseldorf	Herzogstraße 15 D–40217 Düsseldorf	Herzogstraße 15 D–40217 Düsseldorf
D 0800/800 8266	D 0800/800 8266	D 0800/800 8266
www.westlb-zertifikate.de	www.westlb-zertifikate.de	www.westlb-zertifikate.de
zertifikate@westlb.de	zertifikate@westlb.de	zertifikate@westlb.de
Open-End New Energy Active	Open-End Wassertechnik	EuroStoxx Sustainability
WLB7TZ	WLB7TY	WLB508
Basketzertifikat Schwerpunkt erneuerbare Energien	Basketzertifikat Schwerpunkt Wassertechnik	Indexzertifikat
08.08.2008/open end	08.08.2008/open end	28.12.2005/open end
100,00 €	100,00 €	10,19 €
4,11	3,84	-10,01
1,00	1,00	nein
max. 1,50 %	max. 1,50 %	0,50 %
erneuerbare Energien	Wassertechnik	k. A.
k. A.	k. A.	k. A.
Währungsrisiko, Emittentenrisiko, Kursrisiko	Währungsrisiko, Emittentenrisiko, Kursrisiko	Emittentenrisiko, Kursrisiko

Tabelle 5: Fortsetzung

Firma	Raiffeisen Centrobank AG	Raiffeisen Centrobank AG
Postadresse	Tegetthoffstraße 1 AT–1010 Wien	Tegetthoffstraße 1 AT–1010 Wien
Telefon	AT 01/51 52 04 84	AT 01/51 52 04 84
Website	www.rcb.at	www.rcb.at
E-Mail	produkte@rcb.at	produkte@rcb.at
Name des Zertifikats bzw. Basiswerts	Alternative Energien	Alternative Energien
WKN	RCB7JF	RCB7YK
Kurzprofil	Solar, Wind, Bioenergien, Naturgas	Solar, Wind, Bioenergien, Naturgas
Auflagedatum / Fälligkeit	06. 11. 2006 / open end	02. 04. 2007 / open end
Emissionspreis	100,00 €	138,00 €
Durchschnittliche Wertentwicklung seit Auflage (in %)	55,10	17,76
Ausgabeaufschlag (in %)	nein	nein
Geld-Brief-Spanne	3,02 €	3,00 Euro
Hauptbranchen	alternative Energien	alternative Energien
Wichtigste Einzelwerte bei Ausgabe	Vestas 13,66 %, Gemesa Corp. 11,31 %	Vestas 13,66 %, Gemesa Corp. 11,31 %
Potenzielle Risiken für Anleger	Währungsrisiko, Emittentenrisiko, Zinsänderungsrisiko, Kursrisiko	Währungsrisiko, Emittentenrisiko, Zinsänderungsrisiko, Kursrisiko
	Alle Angaben ohne Gewähr entsprechend den Angaben der Anbieter	

Raiffeisen Centrobank AG	**Raiffeisen Centrobank AG**	**Raiffeisen Centrobank AG**
Tegetthoffstraße 1 AT – 1010 Wien	Tegetthoffstraße 1 AT – 1010 Wien	Tegetthoffstraße 1 AT – 1010 Wien
AT 01 / 51 52 04 84	AT 01 / 51 52 04 84	AT 01 / 51 52 04 84
www.rcb.at	www.rcb.at	www.rcb.at
produkte@rcb.at	produkte@rcb.at	produkte@rcb.at
SBOX-Wasser-Index	SBOX-Klimaschutz Index	DJ EURO STOXX Sustainability40
RCB9PC	RCB9VY	RCB8RY
Solar, Wind, Bioenergien, Naturgas	Forstwirtschaft, alternative Energien, Wasser	Unternehmen mit Umwelt- und Sozialkriterien
29. 02. 2008 / open end	02. 05. 2008 / open end	10. 10. 2007 / open end
10,00 €	10,00 €	15,00 €
-13,20	-2,90	-29,00
nein	nein	nein
0,30 €	0,25 €	0,25 €
Wassertechnologien	Wasser, Holz, Solar, Wind	Telekomunikation, Finanzbranche
BWT 10 %, Geberit AG 10 %	Indizes SBOX AE Index 50 %, Nachhaltige Forstwirtschaft 30 %, Wasserindex 50 %	Iberdrol 3,03 %, SAP 3,39 %
Währungsrisiko, Emittentenrisiko, Zinsänderungsrisiko, Kursrisiko	Währungsrisiko, Emittentenrisiko, Zinsänderungsrisiko, Kursrisiko	Währungsrisiko, Emittentenrisiko, Zinsänderungsrisiko, Kursrisiko

Tabelle 5: Fortsetzung

Firma	Raiffeisen Centrobank AG	UBS Deutschland AG
Postadresse	Tegetthoffstraße 1 AT–1010 Wien	Stephanstraße 14–16 D–60313 Frankfurt a. M.
Telefon	AT 01/51 52 04 84	D 069/13 69-89 89
Website	www.rcb.at	www.ubs.com/keyinvest
E-Mail	produkte@rcb.at	invest@ubs.com
Name des Zertifikats bzw. Basiswerts	Nachhaltige Forstwirtschaft	Ardour Global Altern. Energy
WKN	RCB9VX	UB1ARD
Kurzprofil	Unternehmen, die Holz als Rohstoff verwenden	gesamte Wertschöpfungskette im Bereich alternative Energien
Auflagedatum / Fälligkeit	02. 05. 2008/open end	16. 02. 2007/open end
Emissionspreis	10,00 €	100,00 €
Durchschnittliche Wertentwicklung seit Auflage (in %)	k. A.	18,56
Ausgabeaufschlag (in %)	nein	1,00 €
Geld-Brief-Spanne	0,25 €	0,50 %
Hauptbranchen	holzverabeitende Industrie	alternative Brennstoffe und Ressourcen, Umwelttechnologien
Wichtigste Einzelwerte bei Ausgabe	Stora Enso 15 %, Weyerhaeuser Co 15 %	Vestas 16 %, First Solar 9 %, Gamesa 7 %, Verbund 6 %, Q-Cells 6 %, Kurita 4 %
Potenzielle Risiken für Anleger	Währungsrisiko, Emittentenrisiko, Zinsänderungsrisiko, Kursrisiko	Kursrisiko, Währungsrisiko, Emittentenrisiko, kein Kapitalschutz
	Alle Angaben ohne Gewähr entsprechend den Angaben der Anbieter	

UBS Deutschland AG	UBS Deutschland AG
Stephanstraße 14–16 D–60313 Frankfurt a. M.	Stephanstraße 14–16 D–60313 Frankfurt a. M.
D 069 / 13 69-89 89	D 069 / 13 69-89 89
www.ubs.com/keyinvest	www.ubs.com/keyinvest
invest@ubs.com	invest@ubs.com
Diapason Global Biofuel	Global Water Utilities
UBOFUE	UBOWAS
Rohstoffe für die Herstellung von Äthanol und Biodiesel	Wasseraufbereitung und -versorgung
05. 04. 2006 / open end	02. 06. 2006 / open end
96,80 €	29,05 €
1,14	14,85
nein	nein
1,50 %	1,00
Rohstoffe für die Herstellung von Äthanol und Biodiesel	Wasseraufbereitung, Wasserversorgung
Mais 30 %, Rohzucker 29 %, Weizen 14 %, Raps 7 %, Sojaöl 7 %	Severn Trent 28 %, Kelda 25 %, Pennon 19 %, Northumbrian 11 %
Kursrisiko, Währungsrisiko, Emittentenrisiko, kein Kapitalschutz	Kursrisiko, Währungsrisiko, Emittentenrisiko, kein Kapitalschutz

entspricht der Marktkapitalisierung der einzelnen im Index enthaltenen Unternehmen und wird jährlich angepasst. Da es sich bei dem Index um einen Performanceindex handelt, partizipiert der Anleger nicht nur an der Wertsteigerung der betreffenden Aktien, sondern auch an den Dividendenzahlungen der betreffenden Unternehmen.

▶▶▶ **In Tabelle 5 auf den Seiten 144 bis 149 sind die Kerninformationen zu den oben vorgestellten Zertifikaten im Überblick zusammengefasst.**

Jenseits der Börse: Außerbörsliche Aktien

Der überwiegende Teil der Aktiengesellschaften in Deutschland ist nicht börsennotiert. Viele Firmen sind zu klein, um ihre Aktien an der Börse handeln zu lassen. Vielfach bieten aber kleine, ökologisch orientierte Aktiengesellschaften dem Anleger die Möglichkeit, sich frühzeitig und zu günstigen Konditionen an Unternehmen zu beteiligen. Die Mehrzahl der außerbörslich gehandelten grünen Aktiengesellschaften ist im Bereich erneuerbare Energien tätig. Dem Anleger bietet der außerbörsliche Aktienhandel hohe Gewinnchancen, aber auch enorme Risiken. Selbst Totalverluste sind nicht auszuschließen.

Angesichts schwer überschaubarer Marktverhältnisse und hoher Transaktionskosten (mehr dazu später) sind außerbörsliche grüne Aktien für kurzfristig oder spekulativ orientierte Anleger nicht zu empfehlen. Eine mittel- bis langfristige Anlage kann sich lohnen – allerdings nur, wenn man in der Lage ist, die Zukunftschancen der betreffenden Aktiengesellschaft zu beurteilen. Auch sollte nur ein sehr kleiner Teil des langfristig verfügbaren Vermögens in außerbörsliche Aktien investiert werden.

Die Abwicklung der Käufe und Verkäufe erfolgt über Makler. Diese Händler veröffentlichen aufgrund von Daten zum Angebot und zur Nachfrage regelmäßig An- und Verkaufspreise, die »Geldkurse« und die im Vergleich mit diesen höheren »Briefkurse«. Sie verdienen an der Differenz zwischen beiden Kursen, dem sogenannten Spread, der mit Werten zwischen 5 und 13 Prozent sehr hoch ist. Alternativ oder zusätzlich wird eine pauschale Auftragsgebühr oder eine Courtage, eine Gebühr von bis zu 1 Prozent des Aktienwerts, erhoben. Die Transaktionskosten sind bei außerbörslichen Aktien also wesentlich höher als bei börsennotierten.

Hinzu kommt, dass der Handel mit solchen Papieren sehr eingeschränkt ist. Außerbörsliche Aktien sind in der Regel Papiere mit geringen Umsätzen. Es kann im Einzelfall Wochen dauern, bis man einen Käufer findet, der bereit ist, den gewünschten Preis zu zahlen.

Weil solche »engen« Märkte sehr anfällig sind für starke Kursbewegungen, ist es unbedingt ratsam, Kauf- und Verkaufsaufträge bezüglich solcher Papiere zu limitieren. Manche Händler verlangen für die Limitierung zusätzliche Gebühren von bis zu 10 Euro. Ein Limit gibt beim Kauf den Preis an, den man maximal zu zahlen bereit ist, beim Verkauf den Preis, den man mindestens erlösen will. Ist der Auftrag nicht limitiert, so wird er zum aus der Sicht des Auftraggebers bestmöglichen Kurs ausgeführt. Gerade bei außerbörslichen Aktien kann dieser Kurs für den Auftraggeber sehr ungünstig sein: Für einen Käufer kann er unerwünscht hoch oder für einen Verkäufer enttäuschend niedrig ausfallen.

Feste Erträge, erhebliches Risiko: Anleihen und Genussrechte

Anleihen und Genussrechte sind mit einem festen Zins versehen und laufen meist über einen festgelegten mehrjährigen Zeitraum. Die Käufer von Anleihen sind praktisch Kreditgeber der Wertpapieremittenten. Bei Anleihen und Genussscheinen ist die Förderwirkung sehr hoch, der Anleger aber auch von der Bonität des Emittenten abhängig.

Mit einem Genussrecht stellt der Anleger dem Emittenten für eine bestimmte Laufzeit Kapital zur Verfügung. Im Gegenzug verpflichtet sich der Emittent, dem Anleger Vermögensrechte zu gewähren, etwa eine gewinnabhängige Vergütung. Ein Genussrecht, das als Wertpapier verbrieft ist, nennt man »Genussschein«. Genussrechte sind bezüglich ihrer Wertentwicklung dynamischer als Sparanlagen, bieten aber eine etwas größere Sicherheit als Aktien. Der fixe Zinssatz liegt in der Regel deutlich über dem Zinsniveau von Sparanlagen. Je nach der Geschäftsentwicklung des jeweiligen Unternehmens oder Projekts tritt eine zusätzliche, nach dem Erfolg bemessene Ertragskomponente hinzu.

Genussrechte und Anleihen versprechen zwar im Vergleich mit Sparanlagen höhere Erträge, doch im Gegenzug ist auch das Risiko höher. Sogar ein Totalverlust ist nicht auszuschließen. Im jeweiligen Emissionsprospekt finden Sie ausführlichere Angaben zu den Risiken des betreffenden Papiers.

Eine Reihe von Anleihen und Genussscheinen wird auch gehandelt, entweder an der Börse oder auch außerbörslich. In diesen Fällen können Anleger die Papiere auch vor ihrer Fälligkeit wieder verkaufen, im Übrigen aber ist die Liquidität der Papiere deutlich eingeschränkt.

Im Folgenden werden drei »grüne« Titel aus der Kategorie der Anleihen und Genussscheine vorgestellt.

UmweltBank-Genussrecht

Mit dem Genussrecht erhalten Anleger eine gewinnabhängige Verzinsung und unterstützen mit dem Kapital ökologische Zukunftsprojekte. Die Genussrechte stellen haftendes Eigenkapital dar und bilden die Basis für die weitere Entwicklung der grünen Förderbank.

Die Zeichnungsfrist des Genussrechts endete im Juni 2008. Der erfolgsabhängige Zins von 5,0 Prozent ist für zunächst siebeneinhalb Jahre festgeschrieben. Bei einem Ausgabekurs von 99 Prozent ergibt sich eine anfängliche Rendite von 5,1 Prozent. Das Genussrecht ist nach Emissionsschluss über die UmweltBank handelbar.

Anleihe Carpevigo Solar

Carpevigo projektiert, baut und betreibt Solarstromkraftwerke. Der produzierte Strom wird zu Festpreisen, die für 20 bis 35 Jahre staatlich abgesichert sind, an Netzbetreiber und Energieversorger verkauft. Die Investitionen konzentrieren sich auf

Tabelle 6: Emittenten von grünen Anleihen und Genussrechten – drei Beispiele*

Firma	UmweltBank AG	CARPEVIGO AG	PROKON Capital
Postadresse	Laufertorgraben 6, D–90489 Nürnberg	Marktplatz 20, D–83607 Holzkirchen	Kirchhoffstraße 3, D–25524 Itzehoe
Telefon	D 0911/53 08-123	D 08024/60 83 83-0	04821/68 55 100
Website	www.umweltbank.de	www.carpevigo.de	www.prokon.net
E-Mail	service@umweltbank.de	info@carpevigo.de	info@prokon-capital.
Kurzprofil	zinsgünstige Finanzierung ökologischer Projekte; Angebot grüner Geldanlagen	Planung, Bau, Betrieb von Kraftwerken zur Stromerzeugung aus erneuerbaren Energien	Anbieter von Geldanlagen im Bereich erneuerbare Energien
Gesamtemissionsvolumen	184,22 Mio. €	20 Mio. €	195 Mio. €
Laufzeit/Fälligkeit	unbegrenzt	Juli 2013	jeweils 3 Jahre
WKN	keine	DE000A0LR6B6	keine
Mittelverwendung	Finanzierung ökologischer Projekte z.B. im Bereich regenerative Energien	Finanzierung von Photovoltaik-Solarkraftwerken	Finanzierung von Projekten im Bereich erneuerbare Energien
Währung	Euro	Euro	Euro
Emissionsvolumen	5,5 Mio. €	15 Mio. €	200 Mio. €
Zinssatz (in %)	5,00	8,25	aktuell 8,00
Kurs per 31.12.2007	Emission 2008	siehe Kursblatt Börse München; Anleihe voll platziert; per 31.12.2007 kein Handelsvolumen	100 % des Nominalwerts
Potenzielle Risiken für Anleger	Zinsänderungs-, Haftungs-, Bonitäts-, Ausschüttungs-, Rückzahlungsrisiko	branchenspezifische Risiken, Konjunkturrisiken, gesetzgeberische Risiken, Emittentenrisiken	lediglich geringes Risiko durch Investitionen in verschiedene Projekte
	Alle Angaben ohne Gewähr entsprechend den Angaben der Anbieter		

*Erläuterungen zu den Symbolen »Blitz« und »Baum« finden Sie auf den Seiten 46f. und 51ff.

Deutschland und Spanien – die Länder mit den in Europa attraktivsten Förderregularien und Rahmenbedingungen für Strom aus erneuerbaren Energien.

Die mit einem festen Zins von 8,25 Prozent ausgestattete Carpevigo Solar I Anleihe ist eine Kapitalanlage, die hohe Zinserträge bei kurzer Laufzeit bietet. Die Anleihe ist Teil der Finanzierung eines Kraftwerkparks mit Anlagen für die solare Stromerzeugung in Deutschland und Spanien. Die Anleihe wird an der Börse notiert.

Prokon Capital

Die Prokon Projektierungs- und Betriebsführungsgesellschaft für regenerative Energiesysteme mbH verweist auf mehr als 15 Jahre Erfahrung. Ihr Gründer Carsten Rodbertus gehört zu den Pionieren der Windenergienutzung in Deutschland. Prokon betreibt 224 Windenergieanlagen in 29 Windparks, hat rund 2000 Nutzfahrzeuge auf den Betrieb mit Pflanzenöl als Kraftstoff umgerüstet und betreibt 18 Pflanzenöl-Tankstellen. 11 000 Anleger haben bis heute mehr als 185 Millionen Euro bei Prokon angelegt. Insgesamt hat Prokon bisher Projekte mit einem Investitionsvolumen von mehr als einer halben Milliarde Euro realisiert. Diese Vorhaben wurden selbst entwickelt, finanziert und umgesetzt.

In Tabelle 6 auf Seite 154 sind die Kerninformationen zu den oben vorgestellten Emittenten von grünen Anleihen und Genussrechten im Überblick zusammengefasst.

Geldanlage zum Anfassen: Drei Anbieter geschlossener Fonds

Einen großen Anteil am bisherigen Gesamtvolumen grüner Geldanlagen machen Beteiligungsfonds aus. Eine Vielzahl von Unternehmen hat Fonds im Bereich der erneuerbaren Energien aufgelegt und damit die Pionierphase und Expansion der regenerativen Energien finanziert. Nicht zuletzt konnte so die heutige Spitzenposition Deutschlands im Bereich der Windenergie begründet werden.

Das Kapital für den Bau eines Windparks stammt in der Regel aus mehreren Quellen. Rund zwei Drittel der Investitionssumme stammen normalerweise aus zinsgünstigen Darlehen der KfW und aus Mitteln des Umwelt- und Energiesparprogramms des Bundeswirtschaftsministeriums. Teilweise werden auch normale Bankkredite herangezogen. Ein weiteres Drittel, das Eigenkapital des Fonds, wird von privaten Anlegern eingeworben. Die Anleger werden dabei zu Miteigentümern des Windparks, meist indem sie Kommanditanteile erwerben. Damit erhalten sie zugleich auch Stimmrechte in der Gesellschafterversammlung und können so in engen Grenzen auf die Geschäftstätigkeit des Unternehmens Einfluss nehmen.

Ein erheblicher Unterschied von Beteiligungsfonds gegenüber Aktien ist die lange Kapitalbindung. Aktien kann man täglich kaufen und verkaufen. Einen geordneten Handel von Beteiligungsfonds-Anteilen gibt es dagegen nicht. Auch aus steuerlichen Gründen sollte man sich nur an Wind-, Wasser-, Solar- oder Bioenergie-Fonds beteiligen, wenn man die Anteile voraussichtlich während der gesamten Laufzeit von meist etwa 20 Jahren halten kann.

Die Rendite der Beteiligungsfonds hängt vom Erfolg des Projekts ab. Früher lag der Reiz von Windkraftfonds gerade für Spitzenverdiener in den Steuervorteilen. In engen Grenzen ist ein steuerlicher Effekt auch weiterhin möglich (siehe Seite 82).

Die in den Beteiligungsprospekten dargelegten Ertragsprognosen gehen je nach Anbieter von sehr unterschiedlichen Annahmen aus. Vergleichen Sie deshalb mehrere Angebote unter den folgenden Gesichtspunkten:

- Die Investitionskosten je Kilowattstunde (kWh) vermitteln einen Eindruck davon, wie effektiv das Kapital der Geldgeber eingesetzt wird.
- Mit welcher Strompreissteigerung wird in den Ertragsprognosen gerechnet?
- Wie hoch sind die eingeplanten Rückstellungen für Wartung und Instandhaltung?

Weitere wichtige Fragen zur Beurteilung von Windkraftfonds sind:

- Wurde der Prospekt von einem Wirtschaftsprüfer geprüft?
- Ist die Windprognose für den Standort abgesichert?
- Liegen Baugenehmigung und Finanzierungszusagen vor?
- Werden die Windkraftanlagen von renommierten Herstellern geliefert?
- Welche Garantiezeiten sind vereinbart?
- Was genau decken die abzuschließenden Betriebsversicherungen ab?

Die Erfahrung und Reputation des Anbieters von Windkraftfonds ist eine wichtige Entscheidungsgrundlage für den Anleger. Der Planungsbeirat des Bundesverbandes Windenergie (BWE) hat eine Art Ehrenkodex erarbeitet. Firmen werden nur in den Verband aufgenommen, wenn sie sowohl Referenzen vorweisen können als auch eine Verpflichtung abgeben, sich an die selbst auferlegten Berufsregeln zu halten.

Eine erste Einschätzung erlaubt auch die Zahl der bereits realisierten Fonds, die für jeden Anbieter in Tabelle 7 aufgeführt ist.

Es kann vorkommen, dass es Fondsanbietern nicht gelingt, in der geplanten Zeit ausreichend Eigenkapital einzusammeln, um den Windpark fristgerecht zu realisieren. Für Anleger, die bereits Geld in den Fonds eingezahlt haben, ist das in doppelter Hinsicht misslich: Zum einen müssen sie sich nach einer neuen Geldanlage umsehen. Zum anderen kann es bei der Rückzahlung der Einlagen zu Verlusten kommen. Deshalb geben viele Unternehmen eine sogenannte Platzierungsgarantie. Dabei wird durch eine Zwischenfinanzierung sichergestellt, dass die Windräder auch dann planmäßig gebaut werden und ans Netz gehen können, wenn noch nicht alle Fondsanteile gezeichnet sind.

Auch bei Beteiligungsfonds muss ein erhebliches Risiko einkalkuliert werden. Im jeweiligen Emissionsprospekt finden Sie ausführlichere Angaben zu den Risiken des betreffenden Angebots.

Energiekontor AG

Die Energiekontor AG ist eine europaweit tätige Entwicklungs- und Betreibergesellschaft zur Realisierung von On- und Offshore-Windkraftprojekten. Sie ist ein Full-Service-Unternehmen für Windparks und betreut Projekte von der Flächenakquisition über die Planung, den Bau und den Vertrieb bis zur Betriebsführung. Neben Windkraft-Kapitalbeteiligungen in Form geschlossener Fonds bietet sie auch komplette Windparks zum Kauf an.

Das Gesamtinvestitionsvolumen der von der Energiekontor AG projektierten und realisierten Windparks beträgt 650 Millionen Euro. Mit dem Engagement von 5900 Anlegern wurden über 200 Millionen Euro Eigenkapital bereitgestellt. Energiekontor hat 69 Windparks mit 415 Windkraftanlagen und einer Gesamtleistung von rund 463 MW installiert. 1990 in Bremerhaven gegründet, ist das Unternehmen heute europaweit tätig und unterhält neben dem Firmensitz in Bremen Niederlassungen in Bremerhaven und Krefeld sowie Tochtergesellschaften in Großbritannien (Leeds) und Portugal (Lissabon).

Windwärts Energie GmbH

Die Windwärts Energie GmbH ist ein Full-Service-Unternehmen im Bereich erneuerbare Energien. Der Schwerpunkt ihrer Tätigkeit liegt auf einer transparenten Projektentwicklung, einer soliden Finanzierung und einem professionellen Betrieb von Windenergie-, Photovoltaik- und Biogasanlagen im In- und Ausland. Besonderen Wert legt man auf eine nachhaltige Unternehmensentwicklung und ein hohes Maß an Transparenz. Eine Geldanlage der Windwärts Energie GmbH, etwa in Form von Anteilen an geschlossenen Fonds oder in Form von Genussrechten, bietet Anlegern die Teilnahme am wirtschaftlichen Erfolg der Stromerzeugung aus Wind, Sonne und Bioenergie.

In den vergangenen Jahren hat die Windwärts Energie GmbH Tochterfirmen mit Kooperationspartnern in mehreren Ländern gegründet. Aktuell ist das Unternehmen in Frankreich, Griechenland, Italien, der Türkei und Südamerika aktiv.

Das Unternehmen wurde im Jahr 1994 gegründet. Derzeit sind 55 Mitarbeiter in den Bereichen Projektentwicklung Inland,

Tabelle 7: Drei Anbieter geschlossener Fonds*

Firma	Energiekontor AG
Postadresse	Mary-Somerville-Str. 5, D–28359 Bremen
Telefon	D 0421/33 04-0
Website	www.energiekontor.de
E-Mail	info@energiekontor.de
Kurzprofil	Konzeption von Windkraftfonds
Bisher aufgelegte geschlossene Fonds	65
Volumen der bisher plazierten geschlossenen Fonds	415 Mio. €
Hauptbranchen	Windkraft (zu 100 %)
Wichtigste Einzelprojekte (Anteil am Gesamtvolumen)	Windpark Trandeiras, Portugal (8 %)
Die letzten drei geschlossenen Fonds (prognostizierte Gesamtausschüttung, Laufzeit)	WP Jülich (282 %, 20 J.), WP Mafomedes (350 %, 20 J.), WP Sobrado (341 %, 20 J.)
Potenzielle Risiken für Anleger	Währungsrisiko, Zinsänderungsrisiko, Emittentenrisiko, Kursrisiko

*Erläuterungen zu den Symbolen »Blitz« und »Baum« finden Sie auf den Seiten 46 f. und 51 ff.

Projekte International, Finanzierung, Marketing/Kommunikation sowie Betriebsführung/Verwaltung beschäftigt.

Green City Energy GmbH

Die Green City Energy GmbH wurde 2005 als 100-prozentige Tochter der Münchener Umweltschutzorganisation Green City e.V. gegründet. Das Unternehmen bündelt zahlreiche Aktivitäten

Windwärts Energie GmbH	Green City Energy GmbH
Plaza de Rosalia 1, D–30449 Hannover	Goethestraße 34, D–80336 München
D 0511/12 35 73-0	D 089/89 06 68 80
www.windwaerts.de	www.greencity-energy.de
info@windwaerts.de	info@greencity-energy.de
Projektentwicklungsgesellschaft, Emittentin von Fonds, Anlagenbetrieb	Beteiligung an regenerativen Energieprojekten
17	13
40 Mio. €	17 Mio. €
Windenergie, Photovoltaik	Windkraft, Photovoltaik, Biogas
Windenergiefonds Scholen (13 %), Windenergiefonds Bassum Albringh. (10 %)	k. A.
Solarfonds Niedersachsen (219 %), Windfonds Sudwalde (292 %), Windfonds Gehrden (293 %), je 20 J.	Bio & Solar Fonds I (203 %, 20 J.), Begonien Contracting (166 %, 10 J.), Biogas Seckach (324 %, 20 J.)
höhere Betriebskosten, niedrigere Erträge, Handelbarkeit, Totalverlust der Einlage	Emittenten-, Substratliefer-, Pflanzenölbeschaffungs-, Zins- und Planungsrisiko
Alle Angaben ohne Gewähr entsprechend den Angaben der Anbieter	

im Bereich erneuerbare Energien und bietet als alternativer Energiedienstleister neben der Direktversorgung mit umweltfreundlicher Energie attraktive ökologische Geldanlagen an. Mit dem von Anlegern gegen die Ausgabe von Genussrechten zur Verfügung gestellten Kapital realisiert die GmbH Projekte aus den Bereichen Solarenergie, Biogas, Wasserkraft, Windkraft und Contracting. Beispiele für bereits umgesetzte Projekte sind der Solarpark Isar 2007, die Biogasanlage Seckach oder der Bio & Solar Fonds.

In Tabelle 7 auf den Seiten 160 und 161 sind die Kerninformationen zu den oben vorgestellten geschlossenen Fonds im Überblick zusammengefasst.

Klassisch oder fondsgebunden: Sieben Lebensversicherungen

Lebensversicherungen sind bei den Deutschen nach wie vor sehr beliebt. Die Versicherungsgesellschaften in Deutschland verwalten Kundengelder von mehr als 600 Milliarden Euro. Noch immer sind es drei Aspekte, die diese Anlageform so beliebt machen: die Sicherheit der Geldanlage, die eingebaute Absicherung für die Familie und steuerliche Gesichtspunkte.

Die finanzielle Attraktivität einer Lebensversicherung hängt entscheidend von den folgenden beiden Faktoren ab:

- Wie viel Geld erhält der Versicherte am Ende der Vertragslaufzeit (Ablaufleistung)?
- Was zahlt die Versicherung, wenn der Vertrag vorzeitig gekündigt wird (Kündigungs- oder Rückkaufswert)?

Der zweite Aspekt ist wichtiger, als man denkt: Nach Expertenschätzungen wird jede zweite Lebensversicherung vorzeitig gekündigt. Umso wichtiger ist es, dass Sie im Fall des Falles Ihr Geld wenigstens ohne Verluste zurückbekommen. Das ist nicht selbstverständlich, werden doch in vielen Fällen die ersten Einzahlungen der Versicherten zur Deckung eines Teils der Verwaltungskosten der Versicherung verwendet. Die Konsequenz:

Wenn der Vertrag in den ersten Jahren gekündigt wird, kann die Rendite deutlich unter Null liegen. Sehen Sie sich deshalb vor Vertragsabschluss den Verlauf der Kündigungswerte – die sogenannten Rückkaufswerte – an.

Die Rendite einer *Kapital-Lebensversicherung* ist zwar recht sicher, aber mit derzeit durchschnittlich rund 5 Prozent eher gering. Deshalb lohnt sich der Abschluss eines Vertrags meist nur, wenn man die steuerlichen Vorteile gegenüber der Aktienanlage betrachtet (siehe auch Seite 83 f.) oder wenn der Sparer-Pauschbetrag ausgeschöpft ist.

Bei *fondsgebundenen Lebensversicherungen* hängen Ablaufleistung und Kündigungswerte vom Wertzuwachs der ausgewählten Fonds ab. Die fondsgebundene Lebensversicherung ist damit eine Geldanlage mit unsicheren Ertragsaussichten.

Es wird immer wieder kritisiert, dass Lebensversicherungen unnötigerweise den Vermögensaufbau mit der Absicherung gegen das Todesfallrisiko verbinden. Wer fürs Alter vorsorgen will, solle sein Geld besser direkt in Investmentfonds oder festverzinslichen Wertpapieren anlegen und – um die Familie abzusichern – separat eine günstige Risiko-Lebensversicherung abschließen. Neben den geringeren Kosten habe dies den Vorteil, dass man nicht langfristig finanziell gebunden sei und dass man – unabhängig von der Höhe der Sparfähigkeit – eine Todesfallleistung vereinbaren könne, die tatsächlich hoch genug sei, um die Hinterbliebenen dauerhaft zu versorgen.

Die häufigste Form grüner Lebensversicherungen sind fondsgebundene Lebensversicherungen. Diese investieren das angelegte Geld ausschließlich in Aktien-, offene Immobilienfonds oder Rentenfonds. Dadurch sind die Renditechancen, aber auch das Risiko gegenüber einer Kapital-Lebensversicherung größer. Die

Auswahl der Fonds kann der Anleger entweder selbst bestimmen oder dem Versicherer überlassen.

Auf dem Markt sind aber auch Kapital-Lebensversicherungen wie die oeco capital anzutreffen. Bei dieser klassischen Form der Lebensversicherung werden die eingezahlten Beträge zu einem geringen Teil in Aktien und zu einem größeren Teil in festverzinslichen Wertpapieren angelegt. Bis zu 30 Prozent des Beitrags werden allerdings nicht angelegt, sondern dienen zur Deckung der Kosten und des Risikos einer vorzeitigen Versicherungsleistung im Todesfall.

Private Rentenversicherungen bieten keinen Todesfallschutz, aufgrund der dadurch eingesparten Beiträge aber tendenziell höhere Zinserträge.

Im Folgenden werden einige Beispiele für Versicherungspolicen mit Bezug zu ökologisch orientierten Geldanlagen vorgestellt.

Fondsgebundene Lebensversicherungen

Fortis Deutschland Lebensversicherung AG

Die belgisch-niederländische Fortis-Gruppe mit Hauptsitz in Brüssel ist ein internationaler Verbund von Finanzdienstleistern in den Bereichen Banking und Versicherung. Mit einem Börsenwert von rund 32,3 Milliarden Euro und mehr als 80 000 Mitarbeitern ist der Allfinanzkonzern in 50 Ländern vertreten.

Im Bereich Lebensversicherungen bietet er die Fortis *Fonds-Rente* an, eine fondsgebundene Versicherung. Der Sparvorgang im Rahmen dieser Versicherung unterscheidet sich von jenem bei einer konventionellen Versicherung: Der Sparanteil des Beitrags der Fondsversicherung fließt in den oder die Fonds, die der Versicherungsnehmer entsprechend seiner Anlagementalität ausgewählt hat. Zu den Standards der Police zählt die Möglichkeit der Wahl einer Reihe von Umweltfonds. Der Versicherungsnehmer beteiligt sich folglich direkt an dem oder den Fonds und kann an deren wirtschaftlichem Erfolg partizipieren. Mit anderen Worten: Die Entwicklung des oder der Fonds wirkt sich direkt auf die Höhe der Leistungen der Versicherung aus. Die fondsgebundene Versicherung bietet die Chance auf Wertsteigerungen und eine hohe Rendite. Damit ist allerdings ein höheres Anlagerisiko verbunden. Eine Prognose über künftige Entwicklungen der Fonds ist nicht möglich.

Volkswohl Bund Lebensversicherung a. G.

1919 als Versicherungsverein auf Gegenseitigkeit gegründet, bietet die Volkswohl Bund Lebensversicherung a. G. heute ein breites Spektrum flexibler Produkte für Privatkunden. Dazu gehören beispielsweise kapitalbildende Lebens- und Rentenversicherungen, Risikolebensversicherungen sowie fondsgebundene Lebens- und Rentenversicherungen.

Als Versicherungsverein auf Gegenseitigkeit schreibt der Volkswohl Bund das Geld, das er aus dem angelegten Kapital seiner Kunden erwirtschaftet, fast vollständig den Versicherten gut. Die Anlagepolitik des Volkswohl Bundes bezieht unter anderem auch Umweltfonds mit ein. Kunden können sich, je nach persönlicher Vorliebe, für unterschiedliche Modelle der klassischen und fondsgebundenen Kapitallebensversicherung entscheiden.

Fortsetzung Seite 168

Tabelle 8: Drei Anbieter fondsgebundener Lebensversicherungen*

Firma	Fortis Deutschland Lebensversicherung AG
Postadresse	Herzberger Landstraße 25, D–37085 Göttingen, Germany
Telefon	D 0551/99 76-0
Website	www.fortis.de
E-Mail	info@fortis-leben.de
Name der Police	Fonds-Rente
Kurzprofil	Unternehmen, deren Produkte nachweislich die Umwelt qualität verbessern und zur Lösung ökologischer und soziale Probleme beitragen
Umweltfonds, die standardmäßig in der Police enthalten sind	Fortis L Fund Strategy Stability SRI Europe, Fortis L Fund Strategy Balanced SRI Europe
Abschlusskostenquote in % des monatlichen Beitrags*	6,00 pro Versicherungsjahr
Verwaltungskostenquote in % des monatlichen Beitrags*	3,30 pro Versicherungsjahr
Anteil des Betrags, der in die Fondseinlage fließt*	89,60 % im ersten Versicherungsjahr
Prognostizierte Rendite in % bei 6-%-igem Wertzuwachs der Fonds*	4,28
Prognostizierte Rendite in % bei 9-%-igem Wertzuwachs der Fonds*	7,31
Potenzielle Risiken für Anleger	Kursrisiko, Währungsrisiko, politisches Risiko, Zinsänderungsrisiko

*Erläuterungen zu den Symbolen »Blitz« und »Baum« finden Sie auf den Seiten 46 f. und 51 ff.

VOLKSWOHL BUND	Zurich Deutscher Herold
Südwall 37-41, D–44128 Dortmund	Poppelsdorfer Allee 25-33, D–53115 Bonn
D 0231/54 33-0	D 0228/268-01
www.volkwohl-bund.de	www.zurich.de
presse@volkswohl-bund.de	service@zurich.de
fondsgebundene Lebensversicherungen	Vorsorgeinvest Premium
Kombination von Vorsorge und ethisch-ökolog. Investment mit hervorragenden Rendite-Chancen	flexible FRV mit Nachhaltigkeits-Fonds, der in Unternehmen mit guter ESG-Performance investiert
z. B.: Sarasin OekoFlex, Warburg Zukunft Strategiefonds	individuelle Fondsanlage: DWS Invest Responsibility
13,60	4,00 der Beitragssumme, verteilt auf die ersten 5 Vers.jahre (im Beispiel 1728 €)
5,50	ca. 81 % bei reiner Fondsanlage im ersten Vers.jahr
in den ersten 5 Jahren 80 %, danach 92 %	durchschnittlich 190,26 € jährlich zzgl. 1 % des Deckungskapitals
3,67	4,18 %
6,63	7,12 %
keine Kapitalerhaltungsgarantie, diese ist aber zusätzlich wählbar	bei reiner Fondsanlage Kursrisiko, Risikominimierung durch Wahl der Beitrags- oder Maximalgarantie möglich
Alle Angaben ohne Gewähr entsprechend den Angaben der Anbieter	

* Die Angaben beziehen sich auf den folgenden Beispielsfall: 35-jähriger Mann, 12 Jahre Laufzeit, 300,00 € Monatsbeitrag, 25 920,00 € Mindesttodesfallleistung, ohne Dynamik.

Im Bereich der klassischen Lebensversicherungen umfasst die Angebotspalette die folgenden Formen:

- *Safe*. Klassische Lebensversicherung mit garantierter Verzinsung und Überschussbeteiligung;
- *Safe Invest*. Klassische Lebensversicherung mit garantierter Verzinsung. Die Überschüsse werden in Investmentfonds angelegt.

Als fondsgebundene Lebensversicherungen bietet der Volkswohl Bund die folgenden Modelle an:

- *Safe Invest Step*. Fondsgebundene Lebensversicherung mit garantierter Beitragsrückgewähr, Sicherheitskonzept und Anlage in Investmentfonds;
- *Safe Invest Extra*. Fondsgebundene Lebensversicherung mit garantierter Beitragsrückgewähr und Anlage in Investmentfonds;
- *Invest Extra Step*. Fondsgebundene Lebensversicherung oder Rentenversicherung mit Sicherheitskonzept und Anlage in Investmentfonds;
- *Invest Extra*. Fondsgebundene Lebensversicherung mit Anlage in Investmentfonds.

Zurich Deutscher Herold

Die Zurich Deutscher Herold bietet unter anderem eine Versicherungspolice namens *Vorsorgeinvest Premium* an. Die Anlage der Beiträge erfolgt mit dem Ziel, Renditechancen optimal zu nutzen. Sie soll dem Versicherungsnehmer eine flexible Altersvorsorge oder Kapitalanlage mit maximalen Ertragschancen und einem hohen Maß an Sicherheit bieten. Die Beiträge werden unter anderem zum Erwerb von Umweltfondsanteilen genutzt. *Vorsorgeinvest Premium* bietet eine Beitragsgarantie zur Absicherung des eingesetzten Kapitals, eine zusätzliche Absicherung erwirtschafteter Erträge durch Anhebung des Garantieniveaus während der Vertragslaufzeit und eine persönliche Höchststandssicherung in den letzten fünf Jahren der Vertragslaufzeit, wodurch Verluste »auf den letzten Metern« vor Beginn des Ruhestands vermieden werden.

▶▶▶ **In Tabelle 8 auf den Seiten 166 und 167 sind die Kerninformationen zu den oben vorgestellten Anbietern fondsgebundener Lebensversicherungen im Überblick zusammengefasst.**

Kapital-Lebensversicherungen

oeco capital Lebensversicherung AG

Die *Basis-Rente* der oeco capital Lebensversicherung ist eine private Rentenversicherung, die in vollem Umfang den Anforderungen der sogenannten ersten Schicht des Alterseinkünftegesetzes entspricht. Das bedeutet, dass sie beispielsweise nicht vererbt oder beliehen werden kann und dass auch eine Kapitalauszahlung nicht möglich ist. Bei Fälligkeit wird die Rente in vollem Umfang nach dem für den Bezieher geltenden Steuersatz versteuert – dafür fördert der Staat den Vertrag mit Steuervorteilen.

Während der Vertragslaufzeit (also bis zum Beginn der Rentenzahlung) zahlt der Versicherte regelmäßig oder einmalig Beiträge ein. Diese Beiträge können auf Wunsch durch Zuzahlungen ergänzt werden. Zum Rentenbeginn (frühestens mit dem vollendeten 60. Lebensjahr) wird die Basis-Rente ausgezahlt.

Ab Beginn der Rentenzahlung ist eine lebenslange Rente garantiert. Stirbt der Versicherte vor Beginn der Rentenphase, so wird eine Rente an die berechtigten Hinterbliebenen gezahlt, sofern das so vereinbart war. Mit Einschluss eines Todesfallschutzes für die Zeit nach dem Beginn der Rentenphase kann der Versicherungsnehmer auch hier für die berechtigten Hinterbliebenen vorsorgen. Zusätzlich kann eine Hinterbliebenenrente für den Ehepartner vereinbart werden.

Die *Förder-Rente* ist eine private Zusatz-Rentenversicherung, die in vollem Umfang den Anforderungen der sogenannten zweiten Schicht des Alterseinkünftegesetzes entspricht. Der Staat fördert diese Rente durch Zulagen und zusätzliche Steuervorteile, bei Fälligkeit wird die Rente versteuert. Einen Anspruch auf Förderung haben beispielsweise alle Personen, die in der gesetzlichen Rentenversicherung pflichtversichert sind, außerdem Beamte und die meisten Angestellten im öffentlichen Dienst. Ehepartner von unmittelbar Förderberechtigten, die keinen eigenen Förderanspruch haben (zum Beispiel Selbstständige, Mitglieder in berufsständischen Versorgungswerken, Hausfrauen und -männer), können einen Vertrag abschließen, sofern auch ihr Ehepartner einen Vertrag abschließt und Beiträge zahlt. Die staatliche Förderung besteht aus einer Grundzulage pro geförderte Person und einer Kinderzulage für jedes Kind, für das der Versicherte Kindergeld bekommt.

Ab Rentenbeginn ist dem Versicherten eine lebenslange Rente

garantiert. Sie wird durch die staatlichen Zulagen und die erwirtschafteten Überschüsse erhöht. Außerdem steigt sie jährlich um einen gewissen Prozentsatz, sodass die Versorgung wertstabil bleibt.

Stirbt der Versicherte vor dem Beginn der Rentenphase, so kann der Ehepartner das angesammelte Kapital aus dem Vertrag in den eigenen Vertrag überführen. Ist eine andere Person bezugsberechtigt, so werden die eingezahlten Beiträge an diese ausgezahlt, sie muss aber die Zulagen und etwaige gewährte Steuervorteile zurückzahlen.

Mit Einschluss einer Rentengarantiezeit kann der Versicherte auch für den Fall des Todes nach Rentenbeginn für den Ehepartner vorsorgen.

Jeder Arbeitnehmer hat Anspruch auf eine betriebliche Altersversorgung. Das klassische Angebot hierfür ist die Direktversicherung in Form einer *Direkt-Rente*. Mit einer derartigen Rente kann jeder Arbeitnehmer über seinen Betrieb Steuern sparen und sich gleichzeitig eine Zusatzrente aufbauen. Dazu wird ein Teil des Gehalts in eine Direktversicherung umgewandelt. Die Höhe des Beitrags bestimmt der Arbeitnehmer selbst. Bei einem Wechsel des Arbeitgebers kann der Vertrag in der Regel problemlos auf den neuen Arbeitgeber übertragen werden.

Die Auszahlung erfolgt zum vereinbarten Termin direkt an den Versicherten. Ab Beginn der Rentenzahlung ist eine lebenslange Rente garantiert. Stirbt der Versicherte vor dem Beginn der Rentenphase, so wird, sofern vereinbart, eine Rente an den berechtigten Hinterbliebenen gezahlt. Wie bei der Förder-Rente kann der Versicherte auch für den Fall des Todes nach Rentenbeginn für den Ehepartner vorsorgen.

Fortsetzung Seite 174

Tabelle 9: Vier Formen der Kapital-Lebensversicherung*

Firma	oeco capital Lebensversicherung AG	oeco capital Lebensversicherung AG
Postadresse	Karl-Wiechert-Allee 55, D30625 Hannover	Karl-Wiechert-Allee 55, D–30625 Hannover
Telefon	D 0511/57 01-21 91	D 0511/57 01-21 91
Website	www.oeco-capital.de	www.oeco-capital.de
E-Mail	info@oeco-capital.de	info@oeco-capital.de
Name der Police	Basis-Rente	Förder-Rente
Kurzprofil	lebenslange Rente im Sinne der 1. Schicht des Alterseinkünftegesetzes (sog. Rürup-Rente)	Rentenversicherung im Sinne des Altersvorsorgeverträge-Zertifizierungsgesetzes – gemäß der 2. Schicht des Alterseinkünftegesetzes (sog. Riester-Rente)
Positivkriterien	umweltfreundliche, regenerative Energiegewinnung, Klimaschutz u. a.	umweltfreundliche, regenerative Energiegewinnung, Klimaschutz u. a.
Negativkriterien	Herstellung von Kriegswaffen und Miltärgütern, Erneugung von Atomenergie u. a.	Herstellung von Kriegswaffen und Miltärgütern, Erneugung von Atomenergie u. a.
Abschlusskostenquote in % des monatlichen Beitrags*	k. A.	k. A.
Verwaltungskostenquote in % des monatlichen Beitrags*	k. A.	k. A.
Prognostizierte Rendite in %*	k. A.	k. A.
Garantierte Rendite in %	k. A.	k. A.
Potenzielle Risiken für Anleger	k. A.	k. A.
	Alle Angaben ohne Gewähr entsprechend den Angaben der Anbieter	

*Erläuterungen zu den Symbolen »Blitz« und »Baum« finden Sie auf den Seiten 46 f. und 51 ff.

oeco capital Lebensversicherung AG	oeco capital Lebensversicherung AG
Karl-Wiechert-Allee 55, D–30625 Hannover	Karl-Wiechert-Allee 55, D–30625 Hannover
D 0511/57 01-21 91	D 0511/57 01-21 91
www.oeco-capital.de	www.oeco-capital.de
info@oeco-capital.de	info@oeco-capital.de
Direkt-Rente	Direkt-Rente
Direktversicherung – gemäß der 2. Schicht des Alterseinkünfte-gesetzes	Rentenversicherung – gemäß der 3. Schicht des Alterseinkünfte-gesetzes (wahlweise als aufgeschobene oder als sofort beginnende Rentenversicherung)
umweltfreundliche, regenerative Energie-gewinnung, Klimaschutz u. a.	umweltfreundliche, regenerative Energie-gewinnung, Klimaschutz u. a.
Herstellung von Kriegs-waffen und Miltärgütern, Er-neugung von Atom-energie u. a.	Herstellung von Kriegs-waffen und Miltärgütern, Er-neugung von Atom-energie u. a.
k. A.	k. A.
k. A.	k. A.
k. A.	k. A.
k. A.	k. A.
k. A.	k. A.

* Die Angaben beziehen sich auf den folgenden Beispielsfall: 35-jähriger Mann, 12 Jahre Laufzeit, 300 € Monatsbeitrag, 25.920 € Mindesttodesfallleistung, ohne Dynamik.

In Tabelle 9 auf den Seiten 172 und 173 sind die Kerninformationen zu den oben vorgestellten Kapital-Lebensversicherungen im Überblick zusammengefasst.

Wenn es um viel Geld geht: Vier Anlageberatungen

Bereits heute verfügen die Deutschen über ein privates Geldvermögen von mehr als 3500 Milliarden Euro. Jahr für Jahr wächst der Anlagemarkt durch weitere Ersparnisse und Zinsen um rund 120 Milliarden Euro. Hinzu kommen jährlich etwa 150 Milliarden Euro an Erbschaften. Der mit der Anlage all dieser Gelder verbundene Beratungsbedarf ist enorm. Neben konventionellen Finanzdienstleistern haben auch grüne Vermögens- und Stiftungsberater Konjunktur. Vier von ihnen werden hier vorgestellt.

Sarasin Investment Consulting

Sarasin Investment Consulting richtet sich an Anleger, die professionelle Unterstützung bei der Optimierung ihrer Portfolios wünschen. Die Dienstleistung steht professionellen Anlegern wie Pensionskassen, Institutionen oder externen Vermögensverwaltern sowie Privatkunden zur Verfügung.

Anlageberatung Martin Lessing

Der geprüfte Fachberater für nachhaltiges Investment bietet Informationen und Beratung zu nachhaltigen Geldanlagen unter Berücksichtigung der Ziele und Risikopräferenzen des Anlegers.

Weiter bietet Lessing einen sogenannten Ethikcheck: die Prüfung aller bestehenden Geldanlagen unter Nachhaltigkeitsaspekten sowie die Berücksichtigung von Präferenzen und Ausschlusskriterien. Angeboten wird auch der Verkauf nachhaltiger Finanzprodukte, beispielsweise des Aktienfonds Ökovision, der Riester-Rentenversicherung oecocapital, von Klimaschutzfonds oder Bauminvestments von forest finance.

versiko AG

Die versiko AG ist als unabhängiger Finanzdienstleister eines der führenden Unternehmen im Bereich nachhaltige Vermögensberatung. Seit über 25 Jahren heißt ihr Konzept, konventionelle Versicherungen und Kapitalanlagen mit ökologischem Investment zu verbinden. Sie arbeitet mit einer Vielzahl in- und ausländischer Partner zusammen.

PANDA Investment Management

PANDA Investment Management konzipiert und vertreibt seit 2007 nachhaltige Investmentfonds in Zusammenarbeit mit dem World Wide Fund For Nature (WWF). Ziel ist, die Symbiose von Investments und Nachhaltigkeit zur Erwirtschaftung überdurchschnittlicher Renditen zu nutzen. Neben wirtschaftlichen werden auch soziale und ökologische Kriterien in das Investment- und Beratungskonzept integriert.

▶▶▶ **In Tabelle 10 auf den Seiten 176 und 177 sind die Kerninformationen zu den oben vorgestellten grünen Anlageberatern im Überblick zusammengefasst.**

Tabelle 10: Die vier wichtigsten grünen Anlageberatungen

Firma	Martin Lessing	Bank Sarasin AG
Postadresse	Nordstraße 94, D–40477 Düsseldorf	Taunusanlage 17, D–60325 Frankfurt a. M.
Telefon	D 0211/69 99 00 01	D 069/71 44 97 0
Website	www.martin-lessing.de	www.sarasin.de
E-Mail	info@martin-lessing.de	info@sarasin.de
Kurzprofil	unabhängiger Berater für nachhaltige Geldanlagen	Vermögensverwaltung und Anlageberatung, Stiftungsberatung
Potenzielle Risiken für Anleger	abhängig von der Anlage	Markt-, Gegenpartei-, Liquiditäts-, Abwicklungs-, Währungs-, Emittenten-, Zinsänderungs- und Derivativenrisiko
	Alle Angaben ohne Gewähr entsprechend den Angaben der Anbieter	

Schenken gehört dazu: Drei Stiftungsberatungen

Stiftungen haben in Deutschland eine lange Tradition. Ihre Bedeutung für die Erfüllung gesellschaftlicher Aufgaben nimmt zu. Stiften heißt, Vermögen einem bestimmten, auf Dauer angelegten Zweck zu widmen. Die Gründung einer Stiftung beruht auf freiwilligem, privatem Engagement. Die Existenz solcher Organisationen ist Ausdruck einer aktiven Demokratie und einer freiheitlichen Gesellschaft. Stiftungen helfen, Freiräume des Einzelnen zu bewahren und auszubauen.

versiko AG	PANDA Investment Management
Liebigstraße 11-13, D–40721 Hilden	Guiollettstraße 19, D–60322 Frankfurt a. M.
D 02103 / 929-0	D 069 / 60 91 84-0
www.versiko.de	www.pandaim.de
info@versiko.de	info@pandaim.de
unabhängige Vermögensberatung, Schwerpunkt ökologisches Investment, eigene Kapitalanlagegesellschaft	Konzeption nachhaltiger Investmentfonds, Anlageberatung, Vermögensverwaltung
k. A.	Kursrisiko

Die Praxis zeigt, dass die Zwecke meist gemeinnützig sind und dass die Stifter mit »ihren« gemeinnützigen Stiftungen überwiegend an der Gestaltung des gesellschaftlichen Prozesses teilhaben wollen. Daneben besteht die Möglichkeit, mit einer Stiftung private Zwecke zu verfolgen. So gibt es eine durchaus beachtliche Anzahl von Familienstiftungen, deren Zweck darin besteht, Familienangehörige angemessen materiell abzusichern.

Stifter können Privatpersonen sein, beispielsweise ein einzelner Mäzen oder ein Unternehmer, oder aber juristische Personen, das heißt Unternehmen, Verbände, Vereine oder öffentlich-rechtliche Körperschaften. Somit kann jedermann, auch eine Gruppe von

Personen, eine Stiftung gründen, und zwar sowohl zu Lebzeiten als auch von Todes wegen durch letztwillige Verfügung.

Private Stifter gründen meist rechtsfähige Stiftungen des bürgerlichen Rechts. Daneben gibt es auch unselbstständige (nicht eigenständig rechtsfähige) Stiftungen mit einigen Besonderheiten sowie auch Stiftungen des öffentlichen Rechts.

Da der Begriff »Stiftung« nicht ausschließlich den staatlich anerkannten Stiftungen vorbehalten ist, übernehmen nicht selten auch gemeinnützige Einrichtungen in der Rechtsform der Gesellschaft mit beschränkter Haftung oder des eingetragenen Vereins die Stiftungs-Bezeichnung. Diese Gestaltungsformen können in bestimmten Fällen durchaus vorteilhaft sein.

Auf der Homepage des Bundesverbandes Deutscher Stiftungen www.stiftungen.org können Sie eine Liste bestehender Stiftungen einsehen, zu denen Sie zustiften können. Dort wird auch die kostenlose Broschüre »Stiftungspartner« zum Download angeboten (Rubrik »Verband«, Punkt »Partner des Verbandes«). Nicht zuletzt können Sie dort den Stiftungsratgeber *Die Gründung einer Stiftung* zum Preis von 19,80 Euro (inklusive Versandgebühren) bestellen.

Im Folgenden werden die drei wichtigsten Stiftungsberatungen vorgestellt.

GLS Treuhand e. V.

Der 1961 gegründete GLS Treuhand e. V. ist ein Zusammenschluss von über 250 gemeinnützigen Trägern mit sozialen, ökologischen und kulturellen Anliegen. Der Verein berät Privatpersonen bei der Gestaltung von Testamenten, Erbschaften und individu-

Tabelle 11: Die drei wichtigsten Stiftungsberatungen

Firma	GLS Treuhand e. V.	Stiftungsberatung Christof Bläsi	Institut für Stiftungsberatung GmbH
Postadresse	Christstr. 9, D – 44789 Bochum	Am Bohl 2, CH – 9004 St.Gallen	Möwenweg 20, D – 33415 Verl
Telefon	D 0234/57 97-123	CH 71/22 08 510	D 05246/92 19-0
Website	www.gls.de	www.stiftungsberatung.ch	www.stiftungsberatung.de
E-Mail	treuhand@gls.de	info@stiftungsberatung.ch	institut@stiftungsberatung.de
Kurzprofil	Beratung und Verwaltung, Schenkungen, Stiftungen, Testamente im gemeinnützigen Bereich	Beratung, Unterstützung und Betreuung von Stiftungsorganen, Verwaltung und Führung von Stiftungen, anwaltliche Rechtsberatung und Dienstleistungen zur Stiftungserrichtung	Beratung für Stifterinnen und Stifter, Konzept, Errichtung, Startphase, Förderstrategien und Programme, Organisation, Management, Personalarbeit, Informations- und Öffentlichkeitsarbeit, Beratung und Dienstleistung für sonstige Non-Profit-Organisationen, Personalvermittlung
	Alle Angaben ohne Gewähr entsprechend den Angaben der Anbieter		

ellen Schenkungsvermögen. Er steht zum einen als Rechtsträger und Vermittler bei persönlichen Vermögensübergängen für gemeinnützige Zwecke zur Verfügung. Zum anderen werden, im Sinne einer operativen Stiftung, auch thematische Schwerpunkte gesetzt. So führt der GLS Treuhand fünf Zukunftsstiftungen für die Bereiche Landwirtschaft, Entwicklungshilfe, Bildung, Gesundheit und soziales Leben.

Pro Jahr zählt der Verein über 5000 Spender und Stifter. Im Jahr 2006 gingen durch die Unterstützung von vielen Einzelnen 11,5 Millionen Euro an Spenden und Zustiftungen ein. Davon flossen 6,9 Millionen Euro als Zuwendungen an gemeinnützige Projekte und an hilfsbedürftige Einzelpersonen.

Stiftungsberatung Christof Bläsi

Die Schweizer Stiftungsberatung hat es sich zur Aufgabe gemacht, Stifter, Stiftungen und deren Mitarbeitende bei aktuellen Fragen rund um die Stiftungsarbeit zu beraten und zu unterstützen. Sie fördert den Stiftungsgedanken, trägt zur Professionalisierung des Stiftungssektors bei und will helfen, die Wirkung von Stiftungen zu erhöhen. Dazu bietet sie Stiftern und Stiftungen Unterstützung in Form von rechtlicher, wirtschaftlicher und strategischer Beratung bei der Ausrichtung und Gestaltung der Stiftungen und ihrer Arbeit an. Ausgangspunkte der Beratung sind die Werte und Ideen des Stifters und die Überzeugung, dass der gemeinnützige Sektor effizient und effektiv gestaltet werden muss.

Institut für Stiftungsberatung GmbH

Das Institut für Stiftungsberatung GmbH berät und begleitet Stiftungen von der Idee bis zur Realisierung. Bei steuerlichen und rechtlichen Anfragen arbeitet es eng mit spezialisierten Rechtsanwälten und Steuerberatern zusammen. Es wird geleitet von Dr. Hans-Dieter Weger, langjähriger Geschäftsführer der Bertelsmann Stiftung, und Dr. Christoph Mecking, langjähriger Geschäftsführer des Bundesverbandes Deutscher Stiftungen e.V.

5 Die drei interessantesten Trendbranchen

Solarenergie

Experten sagen der Solarbranche ein riesiges Wachstumspotenzial und eine ähnliche Entwicklung wie der Computerindustrie oder der Mobiltelefonbranche voraus. In Deutschland hat das im Jahr 2004 in Kraft getretene Gesetz für den Vorrang von erneuerbaren Energien (Erneuerbare-Energien-Gesetz; EEG) den Unternehmen, die die Energie vom Himmel herunterholen, einen kräftigen Wachstumsschub beschert. Netzbetreiber sind danach verpflichtet, den ins öffentliche Netz eingespeisten Solarstrom angemessen zu vergüten. Doch trotz aller Euphorie befindet sich die Solarstromerzeugung noch im Pionierstadium. Wer mit dem Kauf von Aktien in die Solarenergie einsteigen will, hat die Wahl zwischen Firmen, die ausschließlich in diesem Geschäftsfeld aktiv sind, und solchen, bei denen dies nur ein Tätigkeitsbereich unter vielen ist. Tatsächlich betreiben gerade die großen Photovoltaikhersteller das Geschäft nur nebenbei. Bei Shell, BP, Kyocera oder Sharp – den großen Herstellern von Solarzellen – muss man daher die anderen Geschäftsbereiche quasi mitkaufen. Für Anleger interessanter sind die Firmen, die sich ganz oder zum größten Teil auf Solarenergie spezialisiert haben.

Ein weiteres Kriterium zur Abschätzung der künftigen Kursentwicklung ist die Art der Beteiligung der Solarfirmen an der Wertschöpfungskette. Dabei zeichnet sich bisher ab, dass diejenigen Unternehmen deutlich schlechter abschneiden, die mit der Projektierung und Finanzierung von Solaranlagen nur an den letzten Schritten der Wertschöpfungskette beteiligt sind. Sie müssen die Module und die Siliziumwafer – das sind die dünnen Siliziumscheiben, aus denen die Solarzellen zusammengestellt werden – teuer einkaufen. Besser stehen die Firmen da, die die gesamte Wertschöpfungskette vom Bau der Wafer bis zur kompletten Installation von Solaranlagen abdecken.

Trotz aller Begeisterung für die »Energie, die vom Himmel kommt«: Die Aktien der reinen Solarunternehmen sind als kleine Wachstumsfirmen starken Kursschwankungen unterworfen. Experten warnen ausdrücklich vor der Schnelllebigkeit des Marktes. Bei US-Aktien kommt das Kursrisiko gegenüber dem Euro hinzu. Sie sollten sich aber darüber im Klaren sein, dass sich das Kursrisiko der Aktie und das Wechselkursrisiko addieren. Wechselkursrisiko und -chance bestehen übrigens auch dann in vollem Umfang, wenn US-Solaraktien an deutschen Börsen gehandelt werden. Bei diesen Werten spiegelt der deutsche Kurs die Notierung an den US-Börsen ohne größere Abweichungen wider.

Davon abgesehen dürfte sich langfristig ein Engagement in Solaraktien lohnen. Denn an der Tatsache, dass die Energievorräte der Erde begrenzt sind, kommt auch die Börse nicht vorbei.

Beim Kauf von Solaraktien sollten Sie die folgenden vier Regeln beachten:

- Investieren Sie nicht mehr als 10 bis 20 Prozent Ihres langfristig verfügbaren Kapitals in diese Branche.

- Streuen Sie Ihr Kapital innerhalb der Branche auf mehrere Werte. Wegen des hohen Kurs- (und auch Konkurs-)Risikos kleiner Wachstumsfirmen ist dies bei Solaraktien besonders wichtig.
- Beachten Sie das Wechselkursrisiko bei Titeln, die nicht in Euro notiert werden.
- Vermeiden Sie Käufe in Phasen überhitzter Kurse.

Windenergie

Die ersten Windkraftanlagen wurden in Deutschland von engagierten Einzelpersonen und Ökobauern realisiert, für die der finanzielle Ertrag nur eine untergeordnete Rolle spielte. Mittlerweile hat sich aus der Windkraft ein ausgewachsener, stark exportorientierter Industriezweig entwickelt.

Neben den Windkraft-Beteiligungsfonds, die lange Zeit Aushängeschild grüner Geldanlagen waren, sind Aktien wichtige Instrumente zur Akquisition von Mitteln zur Finanzierung von Windkraftanlagen.

Das Nadelöhr für die Entwicklung der Windkraft sind die Standorte. Per se kommen nur windstarke Gebiete in Küstennähe und in Höhenlagen infrage. Geräuschentwicklung und optische Landschaftsveränderung sind unvermeidliche Begleiterscheinungen der Windanlagen. Dies schränkt die Möglichkeiten der Standortwahl in dicht besiedelten Ländern wie Deutschland weiter ein.

Nachdem zunächst Parks auf dem Festland, in erster Linie in Starkwindbereichen an der Küste, und später auch in den Mittelgebirgen entstanden, zieht es die Windkraft-Projektierer nun vor allem auf das offene Meer der Nord- und Ostsee. Das neue Zauberwort heißt »Offshore-Park« – weit vor der Küste, teilweise sogar außer Sichtweite soll die nächste Generation von Windkraftanlagen gebaut werden. Die Windkraft-Branche überbietet sich mit Ankündigungen, wer die Nase bei der Entwicklung vorn hat.

Offshore-Parks sind groß, technisch aufwendig und teuer. Die Anlagen müssen härtesten Wetterbedingungen standhalten und sollen möglichst wartungsfrei sein. Wegen des starken Seewindes und der enorm großen Rotordurchmesser könnten sie aber auch deutlich rentabler werden als die Festlandanlagen. Auch die politischen Rahmenbedingungen sprechen für die Offshore-Parks. Das EEG enthält klare Anreize für den Einstieg in die Meereswindenergie.

Vorreiter der Offshore-Planungen ist unser nördlicher Nachbar. Der Dänische Aktionsplan Energie 21 verfolgt das ehrgeizige Ziel, bis 2030 die Hälfte des dänischen Strombedarfs aus Windenergie zu decken. Eine dänische Studie geht davon aus, dass eine Kilowattstunde Windstrom aus einer Offshore-Anlage nur rund 5 Eurocent kosten wird.

Analysten empfehlen in dieser Situation vor allem Aktien von Herstellern. Diese Aktien gelten als weniger anfällig für Kursschwankungen, zumal die Firmen auch in den Dienstleistungsbereich expandieren und ihren Kunden komplette Finanzierungs- und Versicherungspakete mit Absicherungen für Flautejahre anbieten.

Eine Form der Geldanlage in Windkraft ist die Direktbeteiligung an einem Windkraftfonds. Die Fonds sind in der Regel als Kommanditgesellschaften organisiert, an denen sich die Geldgeber als Kommanditisten beteiligen.

Bitte machen Sie sich klar: Ein solcher Fondsanteil ist keine Festgeldanlage und Sie sind als Anleger am unternehmerischen Risiko direkt beteiligt (siehe auch Seite 50 ff.). Durch ihre Stellung als Kommanditisten ist die Haftung der Windkraftfonds-Zeichner, ähnlich wie die der Aktionäre, auf die Kapitaleinlage begrenzt. Faktisch besteht das Risiko vor allem in der Unsicherheit darüber, ob der Windkraftfonds den Ertrag in der prognostizierten Höhe erwirtschaften kann. Hier spielt nicht nur das von Jahr zu Jahr schwankende Windangebot eine Rolle.

Beachten Sie bei Investitionen in Windenergie die folgenden Grundsätze:

- Investieren Sie nicht mehr als 10 bis 20 Prozent Ihres langfristig verfügbaren Kapitals in diese Branche. Die Bankanlagen sind hiervon ausgenommen.
- Streuen Sie Ihr Kapital auf mehrere Aktiengesellschaften oder auf Beteiligungsfonds unterschiedlicher Fondsgesellschaften.
- Warten Sie bei Aktien Kursrückgänge ab.

Brennstoffzellen

Als Erfinder der Brennstoffzelle gilt der englische Physiker William Robert Grove, der 1839 erstmals eine galvanische Gasbatterie beschrieb, in der die »kalte Verbrennung« von Wasserstoff mit Sauerstoff elektrischen Strom liefern sollte. Bis zur Umsetzung der Idee sollte aber noch einige Zeit vergehen.

Erst der Griff nach den Sternen brachte eine erste technische Anwendung der Brennstoffzellen: Als die NASA in den 1950er

Jahren fieberhaft daran arbeitete, den Wettlauf zum Mond zu gewinnen, wurden erstmals Brennstoffzellen zur Stromversorgung von Satelliten eingesetzt.

Der wichtigste Vorzug der Brennstoffzelle wird aber erst in Zukunft zum Tragen kommen. Die Brennstoffzelle ermöglicht die CO_2-freie Erzeugung elektrischer Energie unter Verwendung des erneuerbaren Energieträgers Wasserstoff. Durch die Verbrennung des Wasserstoffs unter dem Einfluss von Sauerstoff aus der Luft entsteht als einziges »Abfallprodukt« Wasser. Angesichts der Bedrohung des Erdklimas durch den hohen Ausstoß an CO_2 ist dies von unschätzbarem Vorteil.

Genauso umweltfreundlich kann der Brennstoff hergestellt werden: durch die Aufspaltung von Wasser in Wasserstoff und Sauerstoff. Die dafür erforderliche Energie kann die Sonne liefern, zum Beispiel in riesigen solarthermischen Kraftwerken in den Wüstenregionen Afrikas. Wasserstofftanker werden künftig den Brennstoff nach Europa transportieren. Das einst hartnäckige Problem, für den Praxiseinsatz ausreichend dichte Behälter für das leichte Wasserstoffgas zu konstruieren, ist mittlerweile gelöst.

Für die Brennstoffzellenhersteller und ihre Zulieferer bedeuten die schwindenden Ölreserven und die notwendige Reduzierung des CO_2-Ausstoßes hervorragende Zukunftsperspektiven. Weil auf lange Sicht die Ölreserven immer knapper werden, orientieren sich selbst Weltkonzerne wie Shell um. Der mögliche Einsatzbereich für Brennstoffzellen reicht vom Taschenrechner bis zur Industrieanlage. So sind auch dezentrale Kleinkraftwerke möglich, die vor allem in Entwicklungsländern dafür sorgen könnten, mehr Menschen mit Strom zu versorgen.

Die Aktien der Brennstoffzellenhersteller galten lange als Geheimtipps. Neben Aktien, vor allem aus USA und Kanada, werden auch Aktienzertifikate angeboten, die die Aktien verschiedener Unternehmen der Branche bündeln.

Beim Kauf von Brennstoffzellen-Aktien sollten Sie die folgenden Grundsätze beachten:

- Investieren Sie nicht mehr als 10 Prozent Ihres langfristig verfügbaren Kapitals in diese Branche. Streuen Sie Ihr Kapital auf mehrere Werte oder legen Sie es in Aktienzertifikaten an.
- Gehen Sie möglichst von einem sehr langfristigen Engagement aus.
- Das Wechselkursrisiko ist wegen der Dominanz US-amerikanischer und kanadischer Werte kaum zu vermeiden.
- Die Kurse schwanken stark. Warten Sie Kursrückgänge ab.

Anhang

Grüne und nachhaltige Aktien im Überblick

Die folgende Tabelle fasst die im Natur-Aktien-Index (NAI), im Investmentfonds Ökovision und/oder im Solaraktienindex PPVX enthaltenen Aktien, insgesamt 134 an der Zahl, zusammen. Die entsprechenden Unternehmen wurden von den Anbietern nach strengen Kriterien für ökologische Pionierunternehmen oder nachhaltiges Wirtschaften ausgewählt.

Unternehmen	Land	Branche / Kurzbeschreibung	ISIN
ABB Ltd.	Schweiz	Elektrotechnik	CH0012221716
Abengoa S. A.	Spanien	Bioäthanolherstellung	ES0105200416
Aguas De Barcelona S. A.	Spanien	Wasserversorgung, Abwasserbehandlung	ES0141330C19
Aixtron	Deutschland	Halbleiteranlage	DE0005066203
Amplifon Spa	Italien	Anbieter von Hörgeräten	IT0004056880
Apple Computer	USA	Computer-Hardware	US0378331005

Unternehmen	Land	Branche / Kurzbeschreibung	ISIN
Asml Holding N. V.	Niederlande	Herstellung von Mikrochips	NL0000334365
Austriamicrosystems AG	Österreich	Entwicklung und Herstellung integrierter Schaltkreise	AT0000920863
Aviva Plc	Großbritannien	u. a. Lebensversicherungen, Krankenversicherungen	GB0002162385
Baloise Holding AG	Schweiz	Versicherungen und Finanzdienstleistungen	CH0012410517
Biffa Plc	Großbritannien	Müllsammlung und -verwertung	GB00B129PL77
Bio-Treat-Technology	China	Abwasserbehandlung	BMG112401010
Boiron S. A.	Frankreich	Homöopathie	FR0000061129
BWT AG	Österreich	Wasser und Wassermanagement	AT0000737705
Camco International Ltd.	Jersey	Entwicklung von Projekten zur CO_2-Reduktion	GB00B11FB960
Canadian Hydro Developers	Kanada	Wasserkraft	CA13605E1016
Canadian Solar	Kanada	PV-Module	CA1366351098
Canon Inc.	Japan	Büroelektronik	JP3242800005
Centrotherm photovoltaics	Deutschland	Produktionsequipment	DE000A0JMMN2
Christ Water Technology AG	Österreich	Wasseraufbereitung	AT0000499157
Conergy AG	Deutschland	Photovoltaik-Hersteller und -Systemanbieter	DE0006040025
Dexia	Belgien	Universalbank	BE0003796134
East Japan Railway Company	Japan	Schienenverkehr	JP3783600004
Ecolab	USA	Reinigungsmittel	US2788651006

Unternehmen	Land	Branche / Kurzbeschreibung	ISIN
Ecosecurities Group Plc.	Irland	Entwicklung von Projekten zur CO_2-Reduktion	IE00B0PR8X46
Energy Conversion Devices (ECD)	USA	Energiespeicherung	US2926591098
ErSol Solar Energy AG	Deutschland	Solarzellen, Wafer	DE0006627532
Essilor International S. A.	Frankreich	Optische Linsen	FR0000121667
E-Ton Solar	Taiwan	Solarzellen	TW0003452009
Eurofins Scientific S. A.	Frankreich	Analyselabor, Entwicklung bioanalytischer Methoden	FR0000038259
Evergreen Solar Inc.	USA	Herstellung von Solarzellen	US30033R1086
First Solar	USA	Photovoltaik-Dünnschichtmodelle	US3364331070
Fresenius Medical Care AG	Deutschland	Dialysekliniken/-service und -produkte	DE0005785802
Friends Provident Plc.	Großbritannien	Versicherungen und Finanzdienstleistungen	GB0030559776
Gaiam	USA	Ökoprodukte	US36268Q1031
Gamesa Corp Tecnol. S. A.	Spanien	Windturbinen	ES0143416115
Geberit AG	Schweiz	Sanitäranlagen	CH0030170408
Gintech Energy	Taiwan	Solarzellen	TW0003514006
Green Mountain Coffee Inc.	USA	Kafferöster	US3931221069
Grontmij	Niederlande	Consulting	NL0000853034
Hain Celestial Group Inc.	USA	Spezial- und Bionahrungsmittel	US4052171000
Halma Plc.	Großbritannien	u. a. Feuer- und Gasdetektoren	GB0004052071
Hennes & Mauritz AB	Schweden	Verkauf von Bekleidung	SE0000106270

Unternehmen	Land	Branche / Kurzbeschreibung	ISIN
Herman Miller	USA	Herstellung von Büromöbeln	US6005441000
Hewlett Packard Co.	USA	Computer-Hardware	US4282361033
Höganäs	Schweden	Metallverarbeitung	SE0000232175
Home Depot Inc.	USA	Einzelhändler für Baumaterial u. a.	US4370761029
Inditex S. A.	Spanien	Verkauf von Bekleidung	ES0148396015
Infosys Technologies ADR	Indien	Software und Beratung für Unternehmen	US4567881085
Insituform	USA	Wasserrohrsanierung	US4576671030
Interface Inc.	USA	Teppichbodenbeläge	US4586651063
J. M. AB	Schweden	Hausbau	SE0000806994
JA Solar	Kanada	Solarzellen	US4660901079
Kadant	USA	Papierrecycling	US48282T1043
Koninklijke N.V. SNS Reaal N. V.	Niederlande	Regionalbank, Bank- und Versicherungsdienstleistungen	NL0000390706
Kurita Water Industries	Japan	Wassermanagement	JP3270000007
Kyocera Corp	Japan	Feinkeramische Elektronikbauteile	JP3249600002
LDK Solar	Kanada	Photovoltaik-Wafer	US50183L1070
Lindt und Spruengli AG	Schweiz	Süßwaren	CH0010570767
Manz Automation AG	Deutschland	Produktionsequipment	DE000A0JQ5U3
Marks & Spencer Group Plc.	Großbritannien	Verkauf von Bekleidung und Nahrungsmitteln	GB0031274896
Masterflex AG	Deutschland	Hightech-Schlauchsysteme, Medizintechnik, Brennstoffzellentechnologie	DE0005492938

Unternehmen	Land	Branche / Kurzbeschreibung	ISIN
Mayr-Melnhof Karton AG	Österreich	Herstellung und Vertrieb von Kartons	AT0000938204
Meyer Burger Technologie AG	Schweiz	PV-Wafer-Sägen	CH0027700852
Molina Healthcare	USA	Krankenversicherung	US60855R1005
Motech	Taiwan	Solarzellen	US6837071033
Natura Cosmetico S. A.	Brasilien	Herstellung und Direktvermarktung von Kosmetikprodukten	BRNATUACNOR6
Nobel Biocare Holding S. A.	Schweiz	Dentalversorgung	CH0014030040
Nokia Corp.	Finnland	Mobiltelefone	FI0009000681
Northern Rock Plc.	Großbritannien	Bus- und Schienenverkehr	GB00B1VJ6Q03
Novozymes -B-	Dänemark	Technische Enzyme, Waschmittelenzyme, Lebensmittelenzyme, Enzyme für Biopharmaproduktion u. a.	DK0010272129
Oriflame Cosmetics S. A.	Schweden	Direktvertrieb von Naturkosmetikprodukten	SE0001174889
Orkla Borregaard Frie ASA	Norwegen	Herstellung und Vertrieb von Nahrungsmitteln und Getränken	NO0003733800
Ormat Technologies Inc.	USA	Stromproduktion aus Geothermieanlagen	US6866881021
Österreichische Elektrizitäts-Wirtschaft AG	Österreich	Energieversorger	AT0000746409
Pennon Group Plc.	Großbritannien	Hypothekenbank	GB0001452795
Philips Electronics	Niederlande	Konsumelektronik, medizinische Geräte	NL0000009538
Phoenix Solar AG	Deutschland	Photovoltaik-Module und -Systeme	DE000A0BVU93
Phonak Holding AG	Schweiz	Hörgeräte	CH0012549785

Unternehmen	Land	Branche / Kurzbeschreibung	ISIN
Precious Woods Holding AG	Schweiz	Holzplantagen	CH0013283368
PV Crystalox Solar	Großbritannien	Ingots, Wafer	GB00B1WSL509
Q-Sells AG	Deutschland	Solarstromtechnologie	DE0005558662
Rational AG	Deutschland	Heißluftdämpfer für Großküchen	DE0007010803
ReneSola Ltd.	Kanada	PV-Wafer	NO0010112675
Renewable Energy Corp.	Norwegen	Silizium, Wafer, Solarzellen, Module	NO0010112675
Rhön-Klinikum AG	Deutschland	Privater Klinikbetreiber	DE0007042301
Ricoh	Japan	Büromaschinen	JP3973400009
Rok Plc.	Großbritannien	Wasserversorgung, Abwasserbehandlung	GB00B18V8630
Roth & Rau AG	Deutschland	Photovoltaik-Beschichtungsanlagen	DE000A0JCZ51
Schmack Biogas AG	Deutschland	Herstellung und Bau von Biogasanlagen, Serviceangebot	DE000SBGS111
Severn Trent Plc.	Großbritannien	Entwicklungs- und Baugesellschaft	GB00B1WL0527
Shimano	Japan	Fahrradkomponenten	JP3358000002
Skanska B	Schweden	Baugesellschaft	SE0000113250
SKF B	Schweden	Maschinenbau	SE0000108227
SLM Corp.	USA	Studentendarlehen	US78442P1066
SMA Solar Technology AG	Deutschland	Wechselrichter	DE000A0DJ6J9
Smith Nephew Plc	Großbritannien	Wasserversorger	GB00B1FH8J72
Solarfun Power Holdings	Kanada	Solarzellen-/Modulproduktion	US83415U1088

Unternehmen	Land	Branche / Kurzbeschreibung	ISIN
Solargiga Energy Holdings	Kanada	Ingots, Wafer, Silizium	KYG8268W1024
Solaria Energia y Medio A.	Spanien	Photovoltaik-Module	ES0165386014
Solarworld AG	Deutschland	Solarstromtechnologie	DE0005108401
Solon AG	Deutschland	Solarmodule und -systeme	DE0007471195
Stagecoach Group Plc.	Großbritannien	Implantate, Endoskopie, Wundbehandlung	GB0009223206
Starbucks Corp.	USA	Kafferöster	US8552441094
Steelcase	USA	Einrichtungsgegenstände	US8581552036
Steico	Deutschland	Dämmstoffe	DE000A0LR936
Storebrand ASA	Norwegen	u. a. Lebensversicherungen, Krankenversicherungen	NO0003053605
Strautmann Holding AG	Schweiz	Produkte für orale Implantologie	CH0012280076
Strayer Education Inc.	USA	Privatuniversität für Informationstechnologie	US8632361056
Strintzis Lines S. A.	Griechenland	Betrieb von Autofähren	GRS199271008
Sulzer AG	Schweiz	Maschinenbau	CH0002376454
Sunopta Inc.	Kanada	Herstellung von Getreide- und Sojaprodukten	CA8676EP1086
SunPower	USA	Solarzellen	US8676521094
Suntech Power	Kanada	Solarzellen und -module	US86800C1045
Sunways AG	Deutschland	Solarstromtechnologie	DE0007332207
Svenska Cellulosa AB	Schweden	u. a. Herstellung von Zellstoff und Papier	SE0000112724

Unternehmen	Land	Branche / Kurzbeschreibung	ISIN
Synthes Inc.	USA	Implantationschirurgie	US87162M4096
Telenor ASA	Norwegen	Telekommunikation	NO0010063308
Télévision Française 1 S. A.	Frankreich	Fernsehsender	FR0000054900
Theolia S. A.	Frankreich	Stromproduktion aus Wind, Biogas und Biomasse	FR0000184814
Timberland Co.	USA	Schuhe und Bekleidung	US8871001058
Tomra Systems	Norwegen	Pfandflaschengeräte	NO0005668905
Trina Solar	Kanada	Photovoltaikmodule, Wafer	US89628E1047
Triodos Groenfonds	Niederlande	Umweltfinanzierung	NL0000440204
United Natural Foods Inc.	USA	Bionahrungsmittel	US9111631035
Velcan Energy S. A.	Frankreich	Stromproduktion aus Wind, Biogas und Biomasse	FR0010245803
Vestas Wind Systems AG	Dänemark	Windturbinen	DK0010268606
Vivacon AG	Deutschland	Denkmalschutzimmobilien	DE0006048911
Vossloh AG	Deutschland	Schienenverkehr	DE0007667107
Washtec AG	Deutschland	Autowaschanlagen	DE0007507501
Westport Innovations Inc.	Kanada	Entwicklungen für gasbetriebene Dieselmotoren	CA9609081018
Whole Foods Market Inc.	USA	Naturkostsupermärkte	US9668371068
William Demant Holding AS	Dänemark	Hörgeräte	DK0010268440
Yingli Green Energy	Kanada	Wafer	US98584B1035

Glossar*

Aktie: Wertpapier, das das Recht auf einen Teil des Eigentums an einer ⇨ Aktiengesellschaft verbrieft.

Aktienfonds: ⇨ Investmentfonds, der in verschiedene ⇨ Aktien investiert und so das Risiko von Wertverlusten verringert.

Aktiengesellschaft: Rechtsform eines Unternehmens, bei der die Gesellschaftsanteile in ⇨ Aktien aufgeteilt sind und entweder an der Börse oder aber außerhalb von dieser gehandelt werden können.

Aktienindex: Kennziffer für einen bestimmten Kreis von ⇨ Aktiengesellschaften, die den mittleren ⇨ Kurs der betreffenden ⇨ Aktien abbildet. Der Verlauf eines Aktienindex erlaubt Rückschlüsse auf die Entwicklung des Wirtschaftszweigs oder des Markts, der durch die jeweils ausgewählten Aktien repräsentiert wird.

Aktienzertifikat: Schuldverschreibung einer Bank mit begrenzter oder unbegrenzter Laufzeit, deren Wert an eine festgelegte Basisgröße, zum Beispiel einem ⇨ Aktienindex, gekoppelt ist.

Ausgabeaufschlag: Gebühr, die beim Kauf von Anteilen an einem ⇨ Investmentfonds anfällt.

Beteiligungsfonds: Fonds, in dem Beteiligungskapital für eine konkrete Unternehmung, beispielsweise für den Bau eines Windparks, gebündelt wird.

Bonität: Kenngröße, die Aufschluss darüber gibt, wie zuverlässig ein Kreditnehmer seinen Verpflichtungen (Zahlung von Zinsen, Tilgung der Kreditschuld) nachkommt.

---

* Das Glossar umfasst Definitionen der wichtigsten Fachbegriffe, die in diesem Buch verwendet werden. Ist einem Begriff ein Pfeil vorangestellt, so ist dies ein Hinweis darauf, dass er im Glossar an anderer Stelle erklärt wird.

Direktbeteiligung: Beteiligung, bei der der Anleger zum Miteigentümer oder ⇨ stillen Gesellschafter eines Unternehmens wird.

Dividende: Ertrag aus dem Besitz von ⇨ Aktien, in der Regel ein Teil des Gewinns der Aktiengesellschaft, der an die Aktionäre ausgeschüttet wird.

Eigenkapital: Das Kapital eines Unternehmens, das die Eigentümer eingebracht haben. Es haftet für alle Verbindlichkeiten und wird zum Beispiel durch die Ausgabe von ⇨ Aktien oder durch Kommanditanteile (⇨ Kommanditist) aufgebracht.

Emissionskurs: Der Preis, zu dem eine neu auszugebende ⇨ Aktie gekauft werden kann.

Festverzinsliches Wertpapier: Wertpapier, in der Regel mit begrenzter Laufzeit, auf das ein fest vereinbarter Zins gezahlt wird.

Genussrecht: Finanzierungsinstrument, durch dessen Erwerb der Anleger dem Emittenten für eine bestimmte Laufzeit Kapital zur Verfügung stellt. Im Gegenzug verpflichtet sich der Emittent, dem Anleger Vermögensrechte einzuräumen, zum Beispiel eine Beteiligung am Gewinn.

Indexfonds: ⇨ Investmentfonds, der in ⇨ Aktien investiert, die in einem bestimmten ⇨ Aktienindex zusammengefasst sind.

Indexzertifikat: Zertifikat, das dem Erwerber für eine begrenzte oder unbegrenzte Dauer die Möglichkeit bietet, an der Kursentwicklung eines ⇨ Aktienindex zu partizipieren.

Investmentfonds: Ein Fonds, dessen Vermögen in ⇨ Aktien und/oder ⇨ festverzinslichen Wertpapieren angelegt ist.

ISIN: Abkürzung für International Securities Identification Number. Diese zwölfstellige Nummer wird nach einem international einheitlichen Schlüssel gebildet und dient der Identifizierung von Wertpapieren. Die ISIN ist neben die früher gängige ⇨ Wertpapierkennnummer getreten.

Kapital-Lebensversicherung: Versicherung, die der Abdeckung des Todesfallrisikos (⇨ Risiko-Lebensversicherung) und zugleich der Vermögensbildung dient.

Kommanditist: Bezeichnung für einen Gesellschafter einer Kommanditgesellschaft (KG), dessen Haftung in der Regel auf seine Kommanditeinlage begrenzt ist.

Kurs: Bezeichnung für den Preis oder Marktwert eines (börsennotierten) Wertpapiers.

Marktkapitalisierung: Börsenwert eines Unternehmens, errechnet als Produkt aus ⇨ Kurs und Zahl der ausgegebenen Aktien.

Mischfonds: ⇨ Investmentfonds, dessen Vermögen sowohl in ⇨ Aktien als auch in ⇨ festverzinslichen Wertpapieren angelegt ist.

Nachhaltigkeitsfonds: ⇨ Investmentfonds, der nur in Werte von Unternehmen investiert, die sich dem Konzept nachhaltigen Wirtschaftens verpflichtet haben.

Neuemission: Erstmalige Ausgabe von ⇨ Aktien zum ⇨ Emissionskurs.

Portfolio: Gesamtheit der Vermögensanlagen einer Privatperson oder einer Institution. Jedes Portfolios zeichnet sich je nach seiner Struktur durch eine spezifische Kombination aus erwartetem Ertrag und Wertschwankungsrisiko aus.

Rating: Bewertung von Unternehmen nach festgelegten Kriterien, zum Beispiel unter dem Gesichtspunkt der ⇨ Bonität oder der Nachhaltigkeit seiner Wirtschaftsweise.

Rendite: Ertrag einer Geldanlage, ausgedrückt als in der Regel jährlicher Betrag in Prozent der Anlagesumme.

Rentenfonds: ⇨ Investmentfonds, dessen Vermögen in ⇨ festverzinslichen Wertpapieren angelegt ist.

Risiko-Lebensversicherung: Lebensversicherung, die Auszahlungen nur für den Fall des Todes des Versicherungsnehmers vorsieht, zum Beispiel zur Absicherung von dessen Familie.

Sparerfreibetrag: Jährlicher Betrag an Kapitaleinkünften (zum Beispiel Zinserträge aus Sparkonten oder ⇨ festverzinslichen Wertpapieren, ⇨ Dividenden), der von der Besteuerung ausgenommen ist.

Spekulationsgewinn: Steuerrechtlicher Begriff für einen Gewinn aus der Veräußerung von Wertpapieren, der innerhalb eines Jahres realisiert wird. Bis Ende 2008 wurden private Veräußerungsgewinne in Deutschland nur besteuert, wenn zwischen der Anschaffung und der Veräußerung weniger als zwölf Monate lagen. Seit Anfang 2009 unterliegen solche Gewinne stets der Besteuerung, unabhängig vom Zeitpunkt ihrer Realisierung.

Stiller Gesellschafter: An einem Unternehmen mit einer stillen Vermögenseinlage Beteilter, üblicherweise mit Beteiligung am Gewinn. Die stille Gesellschaft ist für einen Außenstehenden in der Regel nicht erkennbar.

Wertpapierkennnummer (WKN): Kennziffer zur eindeutigen Identifizierung von Wertpapieren (zum Beispiel ⇨ Aktien oder ⇨ Investmentfonds), offiziell durch die ⇨ ISIN abgelöst.

Sachregister

Firmenregister